NIVELLEMENT GÉNÉRAL

DE LA

VILLE DU CAIRE

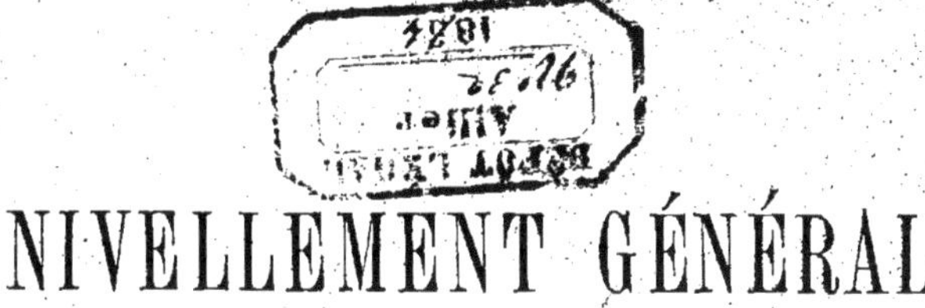

NIVELLEMENT GÉNÉRAL

DE LA

VILLE DU CAIRE

Exécuté en 1874

PAR

H. ALADENIZE

Ingénieur Civil

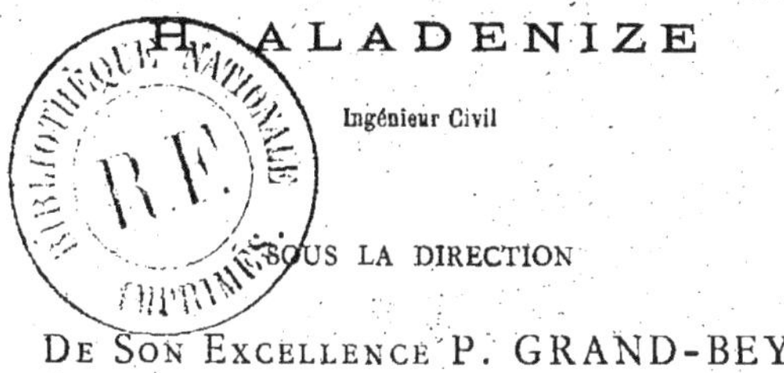

SOUS LA DIRECTION

DE SON EXCELLENCE P. GRAND-BEY

INGÉNIEUR,

Directeur général de l'Administration de la Voirie

VICHY

TYPOGRAPHIE ET LITHOGRAPHIE C. BOUGAREL

1874

EXPOSÉ SOMMAIRE

En confiant le Nivellement général de la Ville du Caire à M. Aladenize, S. E. Grand-Bey a eu pour but de faire établir, avec précision, dans tous les quartiers de la Ville, des repères fixes destinés à faciliter la solution des questions de Voirie, de distribution d'Eaux, etc. Le travail a été divisé en vingt séries, embrassant dans leur ensemble toute la Ville. On a procédé par polygones qui, à l'aide d'opérations multiples, se sont fermés à quelques millimètres, même dans les hauts quartiers de la Ville. Ces polygones ont été reliés entre eux de manière à établir une complète solidarité entre les différentes parties du travail, et à prévenir, ainsi, tout motif d'erreur.

Le point qui a servi de départ est un repère naturel qui existe au Mékias de Rhoda, et dont l'altitude, rapportée au niveau moyen de la Méditerranée, nous a été donnée par S. E. Mahmoud-Bey.

Enfin, ce travail a été extrait de 52 carnets-minute. Les résultats consignés sur ces carnets ont été placés en regard sur vingt tableaux de balance qui ont été créés pour faciliter les recherches et mettre en relief les moindres erreurs.

Ces documents ont été déposés aux Archives de l'Administration de la Voirie.

Il n'a été tenu aucun compte des quelques lignes de nivellement exécutées en 1870, sur repères naturels.

TABLE DES MATIÈRES

TABLEAU N° 1

LE VIEUX CAIRE

(MASR-ATTIKA)

NUMÉROS D'ORDRE DU PLAN	DÉSIGNATION DES REPÈRES ET POSITION DES PLAQUES	ALTITUDES	HAUTEUR DU TERRAIN NATUREL au-dessous DE LA PLAQUE	OBSERVATIONS
»	*R. N.* (**Point de départ**) indiqué par une croix gravée sur le dessus de la colonne, au milieu de la chambre du Mékias de Rhoda.	**19.552**	»	
»	*R. N.* indiqué par une croix gravée sur la marche supérieure, à l'avant du palier de l'escalier du Mékias...............	19.203	»	
»	*R. N.* indiqué par une croix gravée sur le couronnement du mur de soutènement, au-dessus de la plaque ci-dessous désignée.	20.550	»	
1	*P. S.* au mur de soutènement, à gauche et près de la porte d'entrée du Mékias....................................	20.001	»	
2	*P. S.* au socle du pilastre de droite de la porte du Sérail de Chérif-pacha..	20.565	0.46	
3	*P. S.* à droite du portail de la maison appartenant à Soliman-Bey-Rouchedy....................................	20.803	0.76	
4	*P. S.* à l'angle et près de la porte d'entrée d'une maison appartenant à Thaderos Chalabi............................	21.066	0.87	
5	*P. S* à droite de la porte de la Mosquée Abdime-Bey, en face le Caracol El-Sâhell..................................	20.577	0.93	
6	*P. S.* à droite de la porte de la maison appartenant à Aboul-naga-Effendi..	22.890	0.78	
7	*P. S.* à l'angle de la maison appartenant à Ag-Ali el Alahouani.	24.214	0.98	
8	*P. S.* au minaret de la mosquée de Mohamed-Bey..........	21.317	0.98	
9	*P. S.* à droite de la porte de la maison appartenant à Beint El-Gaba-Kaïnégui......................................	20.850	0.65	
10	*P. S.* à gauche de la porte de la maison appartenant à M. Tanious..	20.590	0.70	

NUMÉROS D'ORDRE DU PLAN	DÉSIGNATION DES REPÈRES ET POSITION DES PLAQUES	ALTITUDES	HAUTEUR DU TERRAIN NATUREL au-dessous DE LA PLAQUE	OBSERVATIONS
11	*P. S.* à droite de la porte cochère de la cour d'une autre maison appartenant à M. Tanious........................	21.071	0.94	
12	*P. S.* au pilastre de droite de la porte de la maison appartenant à Ali-Pacha Bourham	21.086	0.96	
13	*P. S.* au pilastre de droite de la porte de la maison appartenant à Abd-El-Kader pacha........................	21.434	0.88	
14	*P. S.* au milieu du mur, face au Nil, de la Sakiet El-Ayoun..	21.422	1.22	
15	*P. S.* au milieu du parapet amont du pont construit près la prise d'eau du Kalig........................	24.835	0.90	
16	*P. S.* à droite du portail de la cour des fours à chaux appartenant à Thaderus Chalabi........................	21.355	0.77	
17	*P. S.* au jambage de gauche de la porte de la maison appartenant à El-Osta Mohamet El-Halfaoui........................	20,049	0.69	
18	*P. S.* à gauche de la porte de la maison appartenant à Châhatah Ahmet........................	20.753	0.75	
19	*P. S.* à gauche du portail de la cour des fours à chaux appartenant à Ibrahim Effendi Dalgamoni........................	21.347	0.61	
20	*P. S.* à l'angle ouest du Der Copte Abou-Sefène........................	20.388	0.77	
21	*P. S.* à droite du portail de la rue descendant à la mosquée Amr........................	23.300	0.70	
22	*P. S.* à droite de la Porte Bab-el-Houïda........................	26.674	0.80	
23	*P. S.* au milieu de la façade de la maison sise en face la mosquée Sidné-el-Zéhirre........................	24.266	0.91	
24	*P. S.* au minaret de la mosquée Sâât-el-Bar........................	21.195	0.82	
25	*P. S.* au minaret de la mosquée Hassen-el-Souhédy........................	21.348	0.73	

TABLEAU N° 2

GRAND POLYGONE

EXTÉRIEUR

L'ABASSIEH ET LES TOMBEAUX DES KALIFES

NUMÉROS D'ORDRE DU PLAN	DÉSIGNATION DES REPÈRES ET POSITION DES PLAQUES	ALTITUDES	HAUTEUR DU TERRAIN NATUREL au dessous DE LA PLAQUE	OBSERVATIONS
26	*P. S.* au jambage de gauche de la porte d'entrée de l'usine de la compagnie des Eaux, à la Salpétrière..................	21.584	1.02	
»	*R. N.* indiqué par une croix gravée sur le couronnement du mur de quai, derrière la dite usine......................	20.369	»	
»	*R. N.* relevé sur la tête (division 11m000) de l'échelle de la Cie des Eaux....................................	20.296	»	
»	Zéro de cette échelle..................................	9.296	»	
27	*P. S.* au pilastre de droite du portail de l'hôpital de Kasr-el-Aini..	20.120	0.84	
28	*P. S.* au jambage de droite de la porte du divan de Kasr-el-Ali, au sud du palais de ce nom.........................	20.512	0.75	
29	*P. S.* au pilastre de droite du portail Sud du palais de Kasr-el-Ali..	20.085	0.64	
30	*P. S.* au pilastre de droite du portail Nord du palais de Kasr-el-Ali..	20.031	1.16	
»	*R. N.* relevé sur le seuil de ce portail....................	18.946	»	
31	*P. S.* au pilastre de gauche du portail Nord du sérail de S. A. Ibrahim-Pacha.......................................	20.417	1.10	
32	*P. S.* à l'angle S.-O. du mur d'enceinte du jardin de l'Académie militaire (ancienne école des filles nobles)..........	20.957	0.72	
33	*P. S.* au socle du pilastre de gauche du portail de l'entrée principale de l'Académie militaire......................	21.115	0.73	
34	*P. S.* au socle, milieu de la façade Ouest de l'Académie militaire..	20.612	0.60	

NUMÉROS D'ORDRE DU PLAN	DÉSIGNATION DES REPÈRES ET POSITION DES PLAQUES	ALTITUDES	HAUTEUR DU TERRAIN NATUREL au-dessous DE LA PLAQUE	OBSERVATIONS
35	*P. S.* à l'angle du mur d'enceinte de la propriété appartenant à Kaïri-Pacha	21.210	0.72	
36	*P. S.* au parapet amont, extrémité Est de la rampe d'accès du grand pont de Kasr-el-Nil	21.787	0.80	
37	*P. S.* au pilastre de droite du portail du palais de Kasr-el-Nil.	20.280	0.76	
»	*R. N.* relevé sur le seuil de ce portail	19.418	»	
38	*P. S.* au dé, extrémité du parapet amont de la culée de gauche du pont tournant de Kasr-el-Nil, construit sur le canal Ismaïlieh	22.482	1.30	
»	*R. N.* relevé sur le trottoir en bois de ce pont, sur l'axe du canal et à l'aplomb du garde-corps amont	21.521	»	
39	*P. S.* au milieu du parapet aval du pont-barrage de la prise d'eau du canal Ismaïlieh	23.473	0.66	
»	*R. N.* indiqué par une croix gravée sur le couronnement, angle arrondi amont du bajoyer de droite de l'écluse du pont-barrage	20.510	»	
»	Eaux du Nil observées en ce point, le 1er octobre 1873 (huit heures du matin)	17.510	»	
40	*P. S.* au socle du pilastre de droite du portail du Musée de Boulak	19.882	0.55	
41	*P. S.* au pilastre de droite du portail des magasins de sucre.	19.987	0.76	
42	*P. S.* au jambage de droite de la porte de la maison de la Daïra, habitée par M. de Saint-Maurice	20.285	0.90	
43	*P. S.* au jambage de droite de la porte de la Mosquée El-Katiri.	19.885	0.92	

NUMÉROS D'ORDRE DU PLAN	DÉSIGNATION DES REPÈRES ET POSITION DES PLAQUES	ALTITUDES	HAUTEUR DU TERRAIN NATUREL au-dessous DE LA PLAQUE	OBSERVATIONS
44	*P. S.* près le pilastre de gauche de la porte principale de l'ancien sérail Ismaïl Pacha........................	19.957	0.93	
45	*P. S.* au jambage de gauche du portail des ateliers de la Papeterie..	20.354	0.62	
46	*P. S.* au jambage de gauche de la porte de l'Eglise Catholique du couvent de Boulak................................	19.608	1.02	
47	*P. S.* au jambage de gauche de la porte cochère de l'atelier de la Fonderie, face au Nil..........................	20.147	1.06	
48	*P. S.* au socle du pilastre de droite du portail des ateliers du chemin de fer à Boulak, sur la ligne ferrée allant au bac d'Embabeh..	20.511	0.68	
49	*P. S.* à l'angle N.-E. du divan des ateliers du chemin de fer, côté droit de la voie..................................	20.442	0.88	
50	*P. S.* à la clé de la voûte aval d'un ponceau construit sur le ruisseau de Ghéziret-Badran..........................	18.902	»	
51	*P. S.* au milieu du parapet aval d'un pont construit sur le canal Boulakieh..	20.594	0.78	
52	*P. S.* au socle du pilastre de droite du portail Sud du divan de la direction générale des chemins de fer................	21.026	0.47	
53	*P. S.* au dé, extrémité du parapet amont de la culée de gauche du pont Lémoun, construit sur le canal Ismaïlieh..........	22.523	1.00	
»	*R. N.* relevé sur le trottoir en bois de ce pont, dans l'axe du canal et à l'aplomb du garde-corps amont................	21.636	»	
54	*P. S.* à la façade Ouest du caracol de Bab-el-Hadid.........	21.661	0.90	

NUMÉROS D'ORDRE DU PLAN	DÉSIGNATION DES REPÈRES ET POSITION DES PLAQUES	ALTITUDES	HAUTEUR DU TERRAIN NATUREL au-dessous DE LA PLAQUE	OBSERVATIONS
55	*P. S.* au socle du pilastre de droite de la porte de la maison Abib-Sakakini	20.039	0.48	
56	*P. S.* au pilastre de droite de la porte de la maison Yussef-Mistiro	19.418	0.89	
57	*P. S.* à l'angle du pavillon de la propriété appartenant à Linant de Bellefonds-Bey	18.500	0.55	
58	*P. S.* à l'angle N.-E. de la maison de Giovanni-Effendi Terzy, route de l'Abassieh	18.757	1.06	
59	*P. S.* à l'angle de la maison appartenant à Moh-Effendi Ismaïl, près le pont Kantarat-el-Ouz	20.729	0.78	
60	*P. S.* à droite de la porte d'entrée de la mosquée Zaher, face Sud	19.610	0.84	
61	*P. S.* à gauche de la porte Nord, même mosquée	19.735	1.52	
62	*P. S.* au jambage de droite de la porte de la maison appartenant à Mohamed-Sâfy	20.042	1.00	
63	*P. S.* à droite de la Porte Bab-el-Hassanieh	19.778	1.16	
64	*P. S.* à droite de la porte du tombeau du Cheik Negm-el-Dîn	26.327	0.67	
65	*P. S.* à droite de la porte de la mosquée du cimetière de Bab-el-Nasr	27.051	0.91	
66	*P. S.* à gauche de la porte du tombeau Hag Hassen-el-Galali, au cimetière de Bab-el-Nasr	28.428	0.77	
67	*P. S.* à gauche de la Porte Bab-el-Nasr	24.718	0.87	

NUMÉROS D'ORDRE DU PLAN	DÉSIGNATION DES REPÈRES ET POSITION DES PLAQUES	ALTITUDES	HAUTEUR DU TERRAIN NATUREL au-dessous DE LA PLAQUE	OBSERVATIONS
68	*P. S.* au milieu de la façade d'un tombeau au cimetière Bab-el-Nasr, sur la route allant aux tombeaux des Kalifes......	32.411	0.75	
69	*P. S.* à la tour Est du mur d'enceinte de la ville............	35.104	0.90	
	Tombeaux des Kalifes			
70	*P. S.* à droite de la porte de la Mosquée du Cheik Galal, construite sur le bord du chemin allant aux tombeaux des Kalifes..	35.870	0.55	
71	*P. S.* au minaret de la Mosquée du Sultan Barkouk	46.270	0.85	
72	*P. S.* à l'angle N.-O. de la Mosquée du Sultan El-Achraf....	48.782	1.21	
73	*P. S.* à la tour N.-E. du mur d'enceinte de la ville.........	42.423	0.74	
74	*P. S.* à gauche de la porte de la maison appartenant au Cheik Ahmet, extrémité sud de la rue nouvelle..................	34.058	0.87	
75	*P. S.* à droite de la porte du cimetière Torab Aunni Mansour.	38.864	0.95	
76	*P. S.* à la neuvième tour, après Bab-el-Wizir, du mur d'enceinte de la ville	35.224	0.89	
77	*P. S.* à la septième tour, même mur	37.572	0.76	
78	*P. S.* à la quatrième tour, même mur	38.438	0.80	
79	*P. S.* à la première tour, même mur	42.088	0.77	
80	*P. S.* à droite de la Porte Bab-el-Wizir....................	41.415	0.82	

NUMÉROS D'ORDRE DU PLAN	DÉSIGNATION DES REPÈRES ET POSITION DES PLAQUES	ALTITUDES	HAUTEUR DU TERRAIN NATUREL au-dessous DE LA PLAQUE	OBSERVATIONS
81	*P. S.* à droite de la porte de la Mosquée Aïtamouche-el-Nagachi....................................	39.309	0.34	
82	*P. S.* au milieu de la façade de la maison appartenant à Setti-Néfissa Mohamed....................................	47.058	0.81	
83	*P. S.* à l'angle arrondi de la Sébil du Sultan Lachraf Ou-chaaban....................................	56.175	0.65	
84	*P. S.* au socle, près l'une des tours de la terrasse de la Porte Bab-el-Azab....................................	43.190	0.47	
85	*P. S.* au pilier de droite de l'escalier Est du mur de quai de l'esplanade de la Citadelle....................................	40.073	0.65	
86	*P. S.* à l'angle d'une maison appartenant aux Wakfs El-Mé-toually, place de la Citadelle....................................	38.924	0.57	
87	*P. S.* au milieu du mur, face Nord, de l'esplanade de la place Roumelieh....................................	42.227	0.50	
88	*P. S.* à droite de la Porte Bab-el-Karafah....................	41.234	0.59	
89	*P. S.* au minaret du Cheik Abou Sebbâh....................	46.174	1.14	
90	*P. S.* au mur en ruines, face Sud, de l'aqueduc de Saleh El-Dîn, près Bab-el-Karafah....................................	39.958	0.93	
91	*P. S.* au minaret du Cheik Sidi Mohamed El-Soumre........	34.955	0.75	
92	*P. S.* au minaret du Cheik Saddat El-Moulkïeh, au Cimetière Sa-Haret-el-Imam....................................	32.410	0.64	
93	*P. S.* à la face Sud de l'aqueduc de Saleh El-Dîn, à l'extré-mité Ouest du Cimetière El-Imam....................................	31.630	0.78	

NUMÉROS D'ORDRE DU PLAN	DÉSIGNATION DES REPÈRES ET POSITION DES PLAQUES	ALTITUDES	HAUTEUR DU TERRAIN NATUREL au-dessous DE LA PLAQUE	OBSERVATIONS
94	*P. S.* à gauche de l'arche donnant passage à la route conduisant au Vieux-Caire, au point où l'aqueduc forme un angle droit	30.563	0.75	
95	*P. S.* au socle, face Nord, au milieu de deux arches de l'aqueduc de Sahel-El-Dīn, en face le chemin allant à Saïda-Néfissa	32.708	0.80	
96	*P. S.* comme la plaque précédente, en face un abattoir	32.765	0.83	
97	*P. S.* comme la plaque précédente	31.271	0.89	
98	*P. S.* à droite de l'arche donnant passage à la route conduisant au Gheik El-Gouzlany	23.887	0.92	
99	*P. S.* à la face Nord, au-dessous d'une arche du même aqueduc	21.321	1.25	
100	*P. S.* à droite de l'arche donnant passage à la route conduisant au Cheik Abou El-Sohoud	23.691	0.93	
101	*P. S.* à la face Nord de l'aqueduc de Salch El-Dīn, à l'Est de la partie écroulée	20.037	0.62	
102	*P. S.* au pilier de droite du portail du Cimetière Catholique	19.394	0.77	
	Sakiet-el-Ayoun			
103	*P. S.* à gauche de la porte inférieure d'accès à cette Sakiet	26.427	0.74	
104	*P. S.* à droite de la porte supérieure d'accès à cette Sakiet	36.471	0.71	

NUMÉROS D'ORDRE DU PLAN	DÉSIGNATION DES REPÈRES ET POSITION DES PLAQUES	ALTITUDES	HAUTEUR DU TERRAIN NATUREL au-dessous DE LA PLAQUE	OBSERVATIONS
105	*P. S.* verticalement sur la margelle de l'aqueduc Saleh El-Dîn, près la porte de sortie de la Sakiet de cet aqueduc.....	37.656	»	
»	*R. N.* relevé sur le radier de cet aqueduc, au-dessous de la plaque ci-dessus....................................	37.128	»	
	Abassieh			
106	*P. S* au milieu de la façade du tombeau du Cheik Abd'Allah .	21.136	0.89	
107	*P. S.* au milieu du mur d'enceinte de la maison appartenant à Latif Ebn Sélim-Pacha..................................	25.263	0.90	
108	*P. S.* au milieu de la façade Sud de Kobat-el-Fédaouieh.....	28.187	0.31	
109	*P. S.* à droite du portail d'un sérail appartenant à S. A. le Khédive	26.649	0.85	
110	*P. S.* à droite du portail du Caracol-el-Toubghieh..........	28.079	0.74	
»	*R. N.* relevé sur le rail du chemin de fer traversant la route de l'Abassieh, près le repère 110.......................	27.538	»	
111	*P. S.* à l'angle du pavillon de gauche de Rassad-Hané (Observatoire)...	26.979	1.08	
112	*P. S.* au cordon du pilastre de droite du portail du milieu, façade Ouest du sérail de S. A. Hussein-Pacha	33.934	1.04	
	Réservoirs et Filtres de la Cie des Eaux à l'Abassieh			
113	*P. S.* au jambage de droite de la porte de l'Usine de la Cie ..	43.484	0.93	
»	*R. N.* relevé sur le dessus de la margelle du réservoir, en face le R. 113	42.455	»	

TABLEAU N° 3

LIGNE DE SAÏDA-NÉFISSA

A BAB-EL-HASSANIEH

Par la Sébil d'Abbas-pacha, la Mosquée El-Moaïad, le Mousky, et Bab-el-Fotouh.

4

NUMÉROS D'ORDRE DU PLAN	DÉSIGNATION DES REPÈRES ET POSITION DES PLAQUES	ALTITUDES	HAUTEUR DU TERRAIN NATUREL au dessous DE LA PLAQUE	OBSERVATIONS
114	*P.* S. à droite de l'entrée de la rue dallée allant à Saïda-Néfissa	32.933	0.83	
115	*P. S.* à gauche de la porte d'entrée de la Mosquée Saïda-Néfissa	33.534	0.77	
116	*P. S.* au minaret de la Mosquée Setti-Katouna	32.449	0.80	
117	*P. S.* au milieu de la façade de la Lacuïa-el-Saïda Roukaïa	27.821	0.72	
118	*P. S.* au minaret de la mosquée Saïda Sekina	27.361	0.64	
119	*P. S.* à l'angle arrondi (bif. de quatre rues) de la maison appartenant à Moh. Effendi Nagib	25.997	0.78	
120	*P. S.* au milieu de la façade de la Sébil Roubbeïa	23.014	0.70	
121	*P. S.* à l'angle de la Sébil de la mère d'Abbas-Pacha, rue Salibey	23.421	0.60	
122	*P. S.* au Tékieh de Assen Sadek	21.879	0.46	
123	*P. S.* à l'angle du pavillon de droite de la maison appartenant à Ali-Pacha Mobarek	22.404	0.91	
124	*P. S.* au minaret du Gheik Almas	21.215	0.59	
125	*P. S.* à l'angle d'une maison appartenant aux Wakfs-el-Eman	23.457	0.67	
126	*P. S.* à droite de la porte de la Mosquée de Mohamed-Ganem	22.305	0.92	
127	*P. S.* à droite de la porte de la Mosquée Ganabkieh	23.258	0.43	
128	*P. S.* à gauche de la porte du Sérail appartenant à Ali-Bey Labibe	23.199	0.57	
129	*P. S.* au milieu de la façade de la Mosquée El-Brahimi	22.684	0.55	

NUMÉROS D'ORDRE DU PLAN	DÉSIGNATION DES REPÈRES ET POSITION DES PLAQUES	ALTITUDES	HAUTEUR DU TERRAIN NATUREL au-dessous DE LA PLAQUE	OBSERVATIONS
130	*P. S.* au minaret de la Mosquée El-Moaïad	23.185	0.62	
131	*P. S.* à la Sébil de Toussoum-Pacha	22.991	0.53	
132	*P. S.* à l'angle de la Mosquée El-Facahani	23.302	0.36	
133	*P. S.* à l'angle du magasin appartenant à Mustapha-Effendi Nach-Hat	22.312	1.00	
134	*P. S.* à droite de la porte de la maison Khân Yacoub-Bey, en face la rue Sanat-Kieh	24.011	0.75	
135	*P. S.* à l'angle Sud de la rue nouvelle et de la rue Gourrich	23.839	0.45	
136	*P. S.* vers le milieu de la façade de la maison Hag Assen-el-Agami-el-Akim	22.637	0.87	
137	*P. S.* à la deuxième marche de la Sébil de Khalil-Pacha Yagan, vis-à-vis la Mosquée Kalaoun	21.387	0.48	
138	*P. S.* à l'angle de la Sébil Abdoraman Bey Kékch	22.758	0.93	
139	*P. S.* à la marche supérieure de l'escalier de la Sébil de Sélim-pacha Selah-Dar	25.834	0.61	
140	*P. S.* à l'angle de la Sébil appartenant à Mustapha-Effendi Che-Hah	25.923	1.18	
141	*P. S.* à l'angle des rues Bab-el-Fotouh et Béni-el-Saïarig	23.623	0.60	
142	*P. S.* vers le milieu de la façade de la maison appartenant à Soliman-Effendi	23.254	0.95	
143	*P. S.* au pavillon de droite de la Porte Bab-el-Fotoub	22.189	1.06	
144	*P. S.* au milieu de la façade de Haman-el-Bakri	22.195	0.89	

NUMÉROS D'ORDRE DU PLAN	DÉSIGNATION DES REPÈRES ET POSITION DES PLAQUES	ALTITUDES	HAUTEUR DU TERRAIN NATUREL AU-DESSOUS DE LA PLAQUE	OBSERVATIONS
145	*P. S.* à droite de la porte d'entrée de la maison appartenant à Saïd Mahmoud..	20.602	1.02	
146	*P. S.* au minaret de la Mosquée Sidi Ahmed Kamal.........	20.085	0.98	
147	*P. S.* à gauche de la porte d'entrée de la Mosquée El Bayoumi.	19.740	1.16	
148	*P. S.* à gauche de la porte d'entrée de la Mosquée Kourdy ...	19.296	0.78	

TABLEAU N° 4

LE KHALIG

(Depuis sa prise d'eau jusqu'à sa rencontre avec le Canal Ismaïlieh.)

NUMÉROS D'ORDRE DU PLAN	DÉSIGNATION DES REPÈRES ET POSITION DES PLAQUES	ALTITUDES	HAUTEUR DU TERRAIN NATUREL au-dessous DE LA PLAQUE	OBSERVATIONS
149	*P. S.* à l'angle Nord de la Sébil de Thaderous Chaladi.......	20.129	0.84	
150	*P. S.* à l'angle S.-E. de la maison appartenant à M. Philippo.	22.577	0.65	
151	*P. S.* au pilastre de droite de la Porte Setti-Zénab	19.725	0.80	
152	*P. S.* au minaret de la Mosquée El-Zafarani Mustapha Aga...	19.926	0.85	
153	*P. S.* à l'angle N.-O de la Mosquée de Saïda-Zénab.........	20.788	0.76	
»	*R. N.* relevé sur le seuil, milieu de la deuxième marche de la porte de cette Mosquée................................	20.411	»	
154	*P. S.* à droite de la porte de la maison appartenant à Ismaïl-Bey Mohamed..	20.715	0.55	
155	*P. S.* à droite de l'escalier de la Maison Bahget-Pacha	19.698	0.66	
156	*P. S.* au pilastre, angle Est, de la Mosquée Bahloul.........	20.091	0.41	
157	*P. S.* au minaret de la Mosquée Zoulfikar-Bey.............	19.828	0.57	
158	*P. S.* au minaret de la Mosquée Nibi-Bilgèche..............	19 842	0.78	
159	*P. S.* à droite de la porte d'entrée de la Mosquée Karacodja..	20.166	0.79	
160	*P. S.* au jambage de droite de la porte de la mosquée de Bechteck..	19.965	0.69	
161	*P. S.* au pilastre de gauche du portail du divan du Ministère de l'Instruction publique	19.660	0.41	
»	*R. N.* relevé sur le seuil de ce portail.....................	19.186	»	
162	*P. S.* au jambage de droite de la porte de la Tékieh du Sultan Mahmoud Khan.....................................	20.510	0.77	

NUMÉROS D'ORDRE DU PLAN	DÉSIGNATION DES REPÈRES ET POSITION DES PLAQUES	ALTITUDES	HAUTEUR DU TERRAIN NATUREL au-dessous DE LA PLAQUE	OBSERVATIONS
163	*P. S.* à droite de la porte d'entrée de la Tékieh d'Abbas-Pacha	21.025	0.77	
164	*P. S.* au jambage de droite de la porte de la maison Moustapha Aga, face à la rue Daoudick........	23.104	0.86	
165	*P. S.* au minaret de la Mosquée El-Hīn........	22.640	0.67	
166	*P. S.* à droite du portail du palais de Mansour-Pacha........	22.277	1.06	
»	*R. N.* relevé sur le seuil de ce portail........	21.214	»	
167	*P. S.* à l'angle des rues Darb-el-Gamamis et Darb-el-Saâdeh..	22.700	0.90	
168	*P. S.* au pilier de droite de la porte d'entrée de la Mosquée-el-Bénatt........	21.926	0.46	
169	*P. S.* au pilier de gauche de la porte d'entrée de la Mosquée Hamzah........	21.487	0.56	
170	*P. S.* à l'angle Est de la Mosquée de Mouzad-pacha, à l'angle des rues de Darb-el-Gamamis et du Mousky........	22.694	0.76	
171	*P. S.* à droite de la porte du Cheik Abou-Taleb........	21.685	0.80	
172	*P. S.* à droite de la porte de la maison appartenant à la Mission Arménienne........	22.200	0.67	
173	*P. S.* au milieu de la façade de la maison appartenant aux Frères des Ecoles chrétiennes........	22.848	0.80	
174	*P. S.* au jambage de gauche de la porte d'une voûte établie en contre-bas de la Mosquée Charanī........	20.282	0.51	
175	*P. S.* à l'angle S.-E. de la Sébil Sélamanieh........	21.895	0.50	

NUMÉROS D'ORDRE DU PLAN	DÉSIGNATION DES REPÈRES ET POSITION DES PLAQUES	ALTITUDES	HAUTEUR DU TERRAIN NATUREL au-dessous DE LA PLAQUE	OBSERVATIONS
176	*P. S.* à l'angle des rues El-Médane-El-Hott et Bet-el-Badraoui..........	23.711	0.82	
177	*P. S.* à gauche de la porte d'entrée de la Mosquée El-Galaii..	23.048	0.71	
178	*P. S.* au pilastre de gauche de la Porte Bab-el-Charieh......	22.390	0.99	
179	*P. S.* à droite de la porte de la Mosquée Issâ-el-Adaoui.....	22.101	0.89	
180	*P. S.* au mur d'une maison sise en face de la Porte El-Bazazeri..........	21.381	0.74	
181	*P. S* à gauche de la Porte Bab-el-Zafarani..........	23.694	0.77	
182	*P. S.* à l'extrémité du parapet aval, côté Est, du pont de la route de Daher, sur le Khalig..........	20.976	0.90	
183	*P. S.* au milieu du parapet aval du pont de l'ancien chemin de l'Abassieh..........	22.322	0.70	
184	*P. S.* au cordon, milieu du parapet amont du pont du chemin de l'Abassieh..........	20.007	1.53	
185	*P. S.* au milieu du parapet aval du pont du chemin de fer de l'Abassieh..........	20.261	0.79	
»	*R. N.* relevé sur le dessus de la pile-tour du pont métallique de l'Abassieh..........	18.086	»	

TABLEAU N° 5

MAHMACHEH

(Du passage à niveau de Choubrah au Village de Mahmacheh)

NUMÉROS D'ORDRE DU PLAN	DÉSIGNATION DES REPÈRES ET POSITION DES PLAQUES	ALTITUDES	HAUTEUR DU TERRAIN NATUREL au-dessous DE LA PLAQUE	OBSERVATIONS
186	*P. S.* au soubassement, à droite de la porte du milieu de la gare des Voyageurs, au Caire (façade regardant la voie).	22.065	0.61	
»	*R. N.* relevé sur le rail de la première voie en face le R. 186.	20.475	»	
187	*P. S.* à droite de la porte du milieu, façade extérieure de la gare des Voyageurs, au Caire..........................	22.342	0.89	
188	*P. S.* à l'angle, extrémité Ouest et côté de la voie, de la gare des Marchandises, au Caire..........................	21.558	0.95	
189	*P. S.* à l'angle, extrémité Ouest du mur limitant les terrains de la gare..........................	21.098	1.03	
190	*P. S.* à l'angle de la première maison de Mahmacheh, appartenant à M. Elias, Copte..........................	18.700	1.03	
191	*P. S.* à l'angle du pavillon de gauche de la propriété appartenant à Abd'Allah Ayouas..........................	18.336	0.88	
192	*P. S.* à l'angle, à droite de la porte de la propriété appartenant également à Abd'Allah Ayouas..........................	18.261	0.93	
193	*P. S.* à gauche de la porte d'entrée de la propriété appartenant à Naome-Bormé..........................	17.683	0.72	

TABLEAU N° 6

LIGNE
DE L'AVENUE DE CHOUBRAH

(Du passage à niveau du Chemin de fer au Palais de ce nom)

NUMÉROS D'ORDRE DU PLAN	DÉSIGNATION DES REPÈRES ET POSITION DES PLAQUES	ALTITUDES	HAUTEUR DU TERRAIN NATUREL au-dessous DE LA PLAQUE	OBSERVATIONS
194	*P. S.* au milieu du parapet amont d'un ponceau construit sur le canal Boulakieh....................................	19.448	0.60	
195	*P. S.* au mur, entre les deux portails de la grille du jardin de la maison Yacoub-el-Cattaoui..........................	18.664	0.40	
196	*P. S.* au pilastre, angle Est de la grille d'enceinte du jardin El-Nabatatt...	19.302	1.18	
197	*P. S.* près du pilastre de droite du portail du palais de Kasr-el-Nouzha..	19.203	0.94	
»	*R. N.* relevé sur le seuil de ce portail...................	18.947	»	
198	*P. S.* au jambage de droite de la porte de la maison Zizinia..	19.485	0.88	
199	*P. S.* au pilastre, angle Nord de la maison Adham-Pacha, servant actuellement de café-restaurant.................	19.210	1.11	
200	*P. S.* au socle, au-dessous de la fenêtre du milieu de la façade du palais de Mohamed-Bey Saïd-Ahmet.................	18.573	0.53	
201	*P. S.* au jambage de gauche de la nouvelle porte du mur d'enceinte de la propriété appartenant à Kamil-Pacha......	19.585	1.10	
202	*P. S.* à la clé de la voûte aval du ponceau du Canal Maâlif...	18.338	»	
203	*P. S.* au milieu du parapet amont du pont-barrage de la prise d'eau du canal de Choubrah............................	21.465	0.54	
»	*R. N.* indiqué par une croix gravée sur le couronnement, angle arrondi amont du bajoyer de droite de l'écluse de ce pont-barrage..	20.681	»	
»	Sur le radier de l'Ecluse..................................	9.804	»	

NUMÉROS D'ORDRE DU PLAN	DÉSIGNATION DES REPÈRES ET POSITION DES PLAQUES	ALTITUDES	HAUTEUR DU TERRAIN NATUREL au-dessous DE LA PLAQUE	OBSERVATIONS
»	*R. N.* relevé au milieu du tablier du pont-levis de cette écluse, dans l'axe du canal....................................	20.670	»	
204	*P. S.* au socle, milieu de la façade d'une maison appartenant à S. A. le Khédive, située en aval de la prise d'eau du canal de Choubrah	19.231	0.53	
205	*P. S.* au socle du pilastre de gauche du portail du jardin de Choubrah, appartenant à S. A. le Khédive...............	18.745	0.46	
»	*R. N.* relevé sur le seuil de ce portail.....................	18.333	»	
206	*P. S.* au socle de l'une des deux colonnes médianes, façade Ouest, regardant le Nil, du palais de Choubrah	21.135	»	
»	*R. N.* relevé sur le seuil de la porte d'entrée de ce palais....	20.965	»	

TABLEAU N° 7

1° LIGNE DES MONTICULES D'ARAFA
A ATABEH EL-KADRAH

2° LIGNE DU BOULEVART MÉHÉMET-AALI

NUMÉROS D'ORDRE DU PLAN	DÉSIGNATION DES REPÈRES ET POSITION DES PLAQUES	ALTITUDES	HAUTEUR DU TERRAIN NATUREL au dessous DE LA PLAQUE	OBSERVATIONS
207	*P. S.* à l'angle Nord des rues Sikket-el-Ghédid et Darb-el-Derassa..........	33.395	0.77	
208	*P. S.* au socle du pilastre de droite de la porte de la Mosquée El-Chaarani..........	28.720	0.53	
209	*P. S.* à l'angle des rues Sikket-el-Ghédid et Halousghi......	28.853	1.05	
210	*P. S.* à droite de la porte de la maison appartenant à Mohamed-Effendi Imam, rue Neuve..........	25.831	0.87	
211	*P. S.* à l'angle des rues du Mousky et El-Sérafi..........	22.755	0.78	
212	*P. S.* à l'angle Nord des rues du Moushy et de Saba-Kâat...	22.041	0.39	
213	*P. S.* à gauche de la porte de la maison appartenant à Mohamed Oréba, sujet français..........	21.935	0.91	
214	*P. S.* à l'angle des rues du Mousky et Souk-el-Kodar-el-Kadim..........	23.293	0.62	
215	*P. S.* à l'angle des rues du Mousky et Souk-el-Kodar.......	24.043	0.90	
216	*P. S.* à l'angle des rues du Mousky et du Bazar (magasin Meyer)..........	23.125	0.81	
217	*P. S.* à gauche de la porte de la Mosquée El-Karam........	21.978	0.87	
218	*P. S.* à l'angle N.-E. du mur supportant la grille du Palais Atabeh-el-Kadrah..........	20.776	0.67	
219	*P. S.* à l'angle de la maison appartenant à Yousef Ebn Ismaïl.	21.334	0.66	
220	*P. S.* à l'angle de la maison appartenant à Hassaouï Akim...	21.603	0.82	
221	*P. S.* à droite de la porte de la Mosquée du Cheik Mohamed Durgame..........	19.909	0.87	

NUMÉROS D'ORDRE DU PLAN	DÉSIGNATION DES REPÈRES ET POSITION DES PLAQUES	ALTITUDES	HAUTEUR DU TERRAIN NATUREL au-dessous DE LA PLAQUE	OBSERVATIONS
222	*P. S.* à l'un des piliers de la façade de la maison appartenant à Moharem-Bey....................................	22.206	0.85	
223	*P. S.* à l'angle de la maison appartenant à Mahmoud-Bey Toutounghi	22.629	0.81	
224	*P. S.* au milieu du mur d'enceinte des jardins de Helmyeh...	23.022	0.78	
225	*P. S.* au pilier, près l'angle arrondi de la maison appartenant à Kalil-el-Assili..	23.951	0.63	
226	*P. S.* à l'angle N.-E. de la Mosquée du Sultan Hassan......	31.788	1.07	
»	*R. N.* relevé sur le parvis, devant la porte de cette Mosquée..	34.509	»	
227	*P. S.* au minaret de la Mosquée du Sultan Hassan..........	37.839	0.42	
228	*P. S.* au milieu du mur du perron de la Mosquée Mahmudi..	41.651	0.42	

TABLEAU N° 8

PLACE MÉHÉMET-AALI

ET CITADELLE

NUMÉROS D'ORDRE DU PLAN	DÉSIGNATION DES REPÈRES ET POSITION DES PLAQUES	ALTITUDES	HAUTEUR DU TERRAIN NATUREL au-dessous DE LA PLAQUE	OBSERVATIONS
	Place Méhémet-Aali			
229	*P. S.* au fût de la colonne en marbre du Mastâbet El-Mahmel.	42.659	0.70	
230	*P. S.* au minaret de la Mosquée Sidi Nur-el-Dine..........	45.952	0.74	
	Réservoir de la Compagnie des Eaux au Sud-Ouest de la Ville			
231	*P. S.* verticalement sur le dessus de la margelle ; face Est, de l'ancien réservoir des Eaux	53.115	»	
»	*R. N.* relevé sur le couronnement de la margelle de ce Réservoir..	53.081	»	
»	Radier de ce Réservoir................................	49 901	»	
	Citadelle			
232	*P. S.* à la tour de droite de la Porte Bab-el-Azab...........	48.071	0.66	
233	*P. S.* au pilastre de gauche du portail du Magasin des sacs de campement..	58.803	0.56	
234	*P. S.* au pilastre de gauche du portail du Magasin des harnachements	65.379	0.81	
235	*P. S.* au pilastre de gauche du portail de l'Arsenal..........	74.029	0.69	
236	*P. S.* au pilastre de gauche de la Porte Bab-el-Wisth.......	88.468	0.81	
237	*P. S.* au pilastre de droite de la Porte Bab-el-Guédid.......	80.802	0.69	
238	*P. S.* à gauche de la Porte Bab-el-Trombbé, près Bab-el-Guédid	76.473	0.76	

NUMÉROS D'ORDRE DU PLAN	DÉSIGNATION DES REPÈRES ET POSITION DES PLAQUES	ALTITUDES	HAUTEUR DU TERRAIN NATUREL au-dessous DE LA PLAQUE	OBSERVATIONS
239	*P. S.* à l'angle des Cheiks Mohamed El-Argouli et El-Rifai..	69.586	0.08	
240	*P. S.* à l'angle N.-O. du Daftar-Hané. (Archives.)..........	64.162	1.32	
241	*P. S.* au pilastre de droite de la Porte Bab-el-Atabeh	53.260	0.55	
242	*P. S.* à droite de la porte de la cour de la Mosquée Mohamed-Aali-Pacha..........	92.145	0.06	
243	*P. S.* au pilastre de gauche de la porte de la cour des ablutions de la même Mosquée..........	96.182	0.71	
»	*R. N.* relevé sur le parvis, près la porte de cette Mosquée....	95.249	»	
244	*P. S.* au minaret de la Mosquée Kalaoûn, façade Nord	92.022	1.02	
245	*P. S.* à un pilastre, près l'escalier du Divan El-Gouri.......	89.552	0.98	
246	*P. S.* à gauche de la porte Est de la Mosquée Kalaoûn.......	92.783	0.78	
247	*P. S.* au pilastre de gauche du portail Sud du Divan El-Gahadieh. (Ministère de la guerre)..........	94.642	0.81	
248	*P. S* à l'angle S.-E. du mur du Divan El-Gahadieh, près le caracol El-Mèzeh..........	94.457	0.86	
»	*R. N.* relevé sur l'une des longrines en bois de la charpente du Réservoir en tôle de la Cie des Eaux..........	97.487	»	

TABLEAU N° 9

LIGNE DE SAÏDA-ZÉNAB

A LA MOSQUÉE DU SULTAN HASSEN,

Par la Sébil d'Abbas-Pacha, y compris toute la partie située entre cette Ligne et Saïda-Néfissa

NUMÉROS D'ORDRE DU PLAN	DÉSIGNATION DES REPÈRES ET POSITION DES PLAQUES	ALTITUDES	HAUTEUR DU TERRAIN NATUREL au-dessous DE LA PLAQUE	OBSERVATIONS
249	*P. S.* au minaret de la Mosquée Mohamed-Essef, en face un Caracol	19.040	0.47	
250	*P. S.* au pilastre de gauche de la porte des ateliers de Hôd-el-Marsoud	21.125	1.01	
251	*P. S.* au minaret de la Mosquée Sargatameh	20.587	0.87	
252	*P. S.* à droite de la porte du café appartenant à Hassan Aga Aref	20.667	0.63	
253	*P. S.* à l'angle du dôme de la Mosquée El-Mahmoudi	28.826	0.74	
254	*P. S.* au milieu de la façade du Caracol situé sur la place de la Citadelle	30.964	0.57	
255	*P. S.* au pilastre de droite de la porte du Sérail appartenant à Ahmet-Bey El-Attâbbe	19.562	1.01	
256	*P. S.* au milieu de la façade de la maison appartenant à Ahmet-el-Makkaoui	37.534	0.62	
257	*P. S.* au minaret de la Mosquée Sidi Badr-el-Dine	34.693	0.78	
258	*P. S.* à droite de la porte de la Mosquée El-Farragali	32.040	0.66	
259	*P. S.* à droite de la porte de la Mosquée Sidi El-Maarraf	30.860	0.66	
260	*P. S.* à droite de la porte de la maison appartenant au Cheik Agé-Zaïet	30.154	0.64	
261	*P. S.* au minaret de la Mosquée Saïda-Eicha	40.084	0.72	
262	*P. S.* au milieu de la façade de la maison appartenant à Soliman-Agagne	37.175	0.75	
263	*P. S.* à droite de la porte de la Mosquée El-Charcassi	24.252	0.69	

NUMÉROS D'ORDRE DU PLAN	DÉSIGNATION DES REPÈRES ET POSITION DES PLAQUES	ALTITUDES	HAUTEUR DU TERRAIN NATUREL au-dessous DE LA PLAQUE	OBSERVATIONS
264	*P. S.* à gauche de la porte de la maison appartenant au Cheik Afifi Mohamed-Effendi Reffah........................	35.771	0.67	
265	*P. S.* au minaret de la Mosquée Abou-Nahat..............	29.960	0.56	
266	*P. S.* à gauche de la porte de la Mosquée Sidi Mohamed.....	26.049	0.71	
267	*P. S.* à droite de la porte de la maison appartenant à Mohamed Effendi Karboutly..................................	25.996	0.76	
268	*P. S.* à l'angle, en avant de la porte de la Mosquée Teyloun..	25.836	0.55	
269	*P. S.* à l'angle de la maison appartenant à Saïd-el-Abâll	29.409	0.53	
270	*P. S.* à la face Sud du Médah situé au centre de la Mosquée Teyloun..	30.361	0.80	
271	*P. S.* à l'angle des rues Darb-el-Masbaga et Teyloun	32.103	0.62	
272	*P. S.* à gauche de la porte d'une fabrique d'huile appartenant à Ahmet-Saberr......................................	34.752	0.84	
273	*P. S.* à droite de la porte de la maison appartenant à El-Hag-Châban	37.332	0.60	
274	*P. S.* à droite de la porte de la Mosquée Teyloun, face Ouest.	32.881	0.82	
275	*P. S.* à l'angle et près la porte de la maison appartenant à Ibrahim Moussah......................................	35.584	0.63	
276	*P. S.* à droite de la Porte située près le Cheik El-Mamouni...	37.408	0.43	
277	*P. S.* au minaret de la Mosquée Kaïd-Bey, au lieu dit Kalâat-el-Kabch	37.568	0.87	
278	*P. S.* à l'angle de la maison appartenant à Hassan-Aga-el-Kavvas	31.733	0.63	

NUMÉROS D'ORDRE DU PLAN	DÉSIGNATION DES REPÈRES ET POSITION DES PLAQUES	ALTITUDES	HAUTEUR DU TERRAIN NATUREL au-dessous DE LA PLAQUE	OBSERVATIONS
279	*P. S.* à droite de la porte de la maison appartenant à Zaougat-el-Marhoum Moustapha-Aga........................	22.308	0.51	
280	*P. S.* au milieu de la façade de la maison appartenant à Mohamed-Bey..	23.901	0.59	
281	*P. S.* à gauche de la porte de la maison appartenant à Hassen-Abou-Aggour....................................	30.802	0.59	
282	*P. S.* à droite de la porte de la maison appartenant à Hamoudeh Ali..	31.732	0.71	
283	*P. S.* à l'angle du magasin appartenant à Mustapha-Kâchef, en face une rue couverte..........................	31.508	0.91	
284	*P. S.* à l'angle de la maison appartenant à Mohamed Kalil...	32.643	0.92	
285	*P. S.* au minaret de la Mosquée Sidi-Hânane............	35.605	0.65	
286	*P. S.* à gauche de la porte de la maison appartenant à Aghet-Souhi..	32.364	0.54	
287	*P. S.* au minaret de la Mosquée El-Bakli...............	30.845	0.74	

TABLEAU N° 10

LIGNES

RENFERMÉES ENTRE LE MUR D'ENCEINTE DE LA VILLE

ET LA LIGNE

DE LA SÉBIL D'ABBAS-PACHA A BAB-EL-FOTOUH

NUMÉROS D'ORDRE DU PLAN	DÉSIGNATION DES REPÈRES ET POSITION DES PLAQUES	ALTITUDES	HAUTEUR DU TERRAIN NATUREL au dessous DE LA PLAQUE	OBSERVATIONS
288	*P. S.* à gauche de la porte de la Mosquée Sidna-El-Hussein, près l'angle Est de la façade Nord	27.763	0.60	
»	*R. N.* relevé sur le seuil de cette porte	27.363	»	
289	*P. S.* à gauche de la porte d'une maison servant d'école arabe.	25.741	0.87	
290	*P. S.* à la Sèbil Bèt-el-Mal, près la borne-fontaine	26.134	0.80	
291	*P. S.* au minaret de la Mosquée Sidi Marzuk	27.911	0.92	
292	*P. S.* au minaret de la Mosquée Yousef Gamal	27.295	0.92	
293	*P. S.* au milieu de la façade de la Mosquée Bibarse	27.095	1.01	
294	*P. S.* au milieu de la façade de la Mosquée El-Chohada	26.272	0.89	
295	*P. S.* au milieu de la façade de la maison appartenant à Rached-el-Saramati	28.436	0.87	
296	*P. S.* à l'angle arrondi de la maison appartenant à Saïd-Mahmoud El-Rifaye	30.217	0.97	
297	*P. S.* entre les deux portes de la maison appartenant à Hag Ibrahim El-Muhandis	29.613	0.99	
298	*P. S.* à l'angle du magasin appartenant à Sidi-Ahmet	29.762	0.84	
299	*P. S.* au trumeau, milieu de la façade de la maison appartenant au Cheik Abd-el-Rahman	30.210	0.87	
300	*P. S.* à gauche de la porte de la maison appartenant au Cheik Ali Abou El-Sohoud	32.040	1.00	
301	*P. S.* à gauche du portail du Sérail appartenant à Ahmet-Pacha Râched	30.861	0.98	
302	*P. S.* au milieu de la façade de la vieille Mosquée Aï-Tômor	33.178	0.93	

NUMÉROS D'ORDRE DU PLAN	DÉSIGNATION DES REPÈRES ET POSITION DES PLAQUES	ALTITUDES	HAUTEUR DU TERRAIN NATUREL au-dessous DE LA PLAQUE	OBSERVATIONS
303	*P. S.* à droite de la porte de la maison appartenant à Abou-Zed-Effendi	35.243	0.82	
304	*P. S.* à droite de la porte de la maison appartenant au Cheik Saïd Omar..	36.506	0.89	
305	*P. S.* à gauche de la porte de la Mosquée El-Zavvé El-Tavouachi..	35.344	0.86	
306	*P. S.* à la façade du tombeau du Cheik Moustapha..........	35.046	0.66	
307	*P. S.* à gauche de la petite porte de la Mosquée Om-el-Golam.	30.974	0.86	
308	*P. S.* à droite, près le portail de la maison située en face la Porte Hallouma....................................	29.604	0.76	
309	*P. S.* à droite de la porte de la maison appartenant à Mohamed-Laze	30.756	0.72	
310	*P. S.* vers le milieu de la façade de la maison appartenant au Cheik El-Abbassieh	29.117	0.91	
311	*P. S.* à droite du portail de la maison appartenant à Oucalet-El-Abbassaga..	26.108	0.66	
312	*P. S.* au milieu de la façade de la maison appartenant à Zaougat-Mohamed Akim	25.800	0.72	
662	*P. S.* à droite de la porte cochère située près l'extrémité Sud du Bazar Kan-el--Kalili..............................	27.267	0.73	*Lors du numérotage général, ces deux repères ayant été oubliés, j'ai dû leur donner les derniers numéros de la série.*
663	*P. S.* à droite de la Porte Kan-el-Kalili..................	24.660	1.02	
313	*P. S.* à droite de la porte cochère de la maison appartenant à Mahmoud-Bey-el-Attar..............................	25.645	0.88	

NUMÉROS D'ORDRE DU PLAN	DÉSIGNATION DES REPÈRES ET POSITION DES PLAQUES	ALTITUDES	HAUTEUR DU TERRAIN NATUREL au-dessous DE LA PLAQUE	OBSERVATIONS
314	*P. S.* au minaret de la Mosquée El-Azhar, côté Nord	28.359	1.03	
315	*P. S.* à gauche de la porte de la Mosquée Mohamed-Bey	28.940	1.04	
316	*P. S.* à droite de la porte de la Mosquée El-Azhar	29.354	0.85	
317	*P. S.* au minaret de la Mosquée El-Azhar, côté Sud	30.154	0.92	
318	*P. S.* à l'angle (bif. de rues) de la maison appartenant au Cheik Assanen El-Harirghi	32.818	0.89	
319	*P. S.* à droite de la Porte Bab-el-Gouraïb..................	36.138	0.86	
320	*P. S.* à droite de la Porte Bab-Hôche Adam	23.711	0.99	
321	*P. S.* au minaret de la Mosquée Kafur El-Zemam..........	25.548	1.08	
322	*P. S.* au-dessous de la fenêtre de la Sébil El-Sadatt	29.074	0.65	
323	*P. S.* à l'angle de la Sébil El-Batnieh	30.415	0.90	
324	*P. S.* au minaret de la Mosquée El-Soudani...............	28.676	0.94	
325	*P. S.* à droite de la Porte Bab-el-Ambarie	28.774	1.00	
326	*P. S.* à droite de la porte d'une maison située en face la Sébil du Cheik Ali-Khalif	29.715	1.03	
327	*P. S.* au milieu de la façade de la Mosquée Esmass	27.030	0.49	
328	*P. S.* à droite de la porte de la Mosquée Michudar..........	28.312	0.77	
329	*P. S.* au minaret de la Mosquée Hazef-Pacha.............	30.992	0.83	
330	*P. S.* à gauche de la porte de la Mosquée Om-el-Sultan.....	31.798	1.01	
331	*P. S.* au minaret de la Mosquée Ibraïm Aga..............	33.111	0.72	

NUMÉROS D'ORDRE DU PLAN	DÉSIGNATION DES REPÈRES ET POSITION DES PLAQUES	ALTITUDES	HAUTEUR DU TERRAIN NATUREL au-dessous DE LA PLAQUE	OBSERVATIONS
332	*P. S.* au minaret de la Mosquée El-Haliusfi	28.825	0.64	
333	*P. S.* à droite du portail de la maison appartenant à Kassim-Pacha	30.498	0.67	
334	*P. S.* au minaret de la Mosquée Mir Zada	30.530	0.65	
335	*P. S.* au milieu de la façade de la maison appartenant à Sélim-Pacha Agazi	30.241	0.75	
336	*P. S.* au milieu de la façade d'une maison appartenant aux Wakfs	32.266	0.74	
337	*P. S.* à l'angle arrondi du sérail appartenant à Mohamed-el-Akim	32.226	0.80	
338	*P. S.* à droite de la porte de la maison appartenant à Agd-Ibrahim Allani	32.648	0.84	
339	*P. S.* au milieu de la façade de la maison appartenant à Ali-Bin Bacha	36.792	0.82	
340	*P. S.* à droite du portail de la maison appartenant à Chaâban-Bey	35.123	0.89	
341	*P. S.* à l'angle Nord d'un sérail appartenant à Ibrahim-Pacha	33.986	0.79	
342	*P. S.* à gauche de la porte de la maison appartenant à Hafez-Effendi	29.585	0.59	
343	*P. S.* au milieu du mur d'enceinte de la propriété de Rached-Pacha	26.131	0.78	
344	*P. S.* près le portail de la maison appartenant à Rached-Pacha	26.444	0.59	
345	*P. S.* à l'angle du grand mur de la propriété de Hâled-Effendi	25.135	0.65	

NUMÉROS D'ORDRE DU PLAN	DÉSIGNATION DES REPÈRES ET POSITION DES PLAQUES	ALTITUDES	HAUTEUR DU TERRAIN NATUREL au dessous DE LA PLAQUE	OBSERVATIONS
346	*P. S.* au milieu de la façade de la maison appartenant à Ahmet-Effendi Rached	26 830	0.69	
347	*P. S.* à la face Nord de la Mosquée Merdani	28.505	0.51	
348	*P. S.* au nu du mur de la maison appartenant à Hédar-Effendi.	29.259	0.56	
349	*P. S.* au nu du mur de la maison appartenant à Mahmoud-Bey.	29.279	0.91	

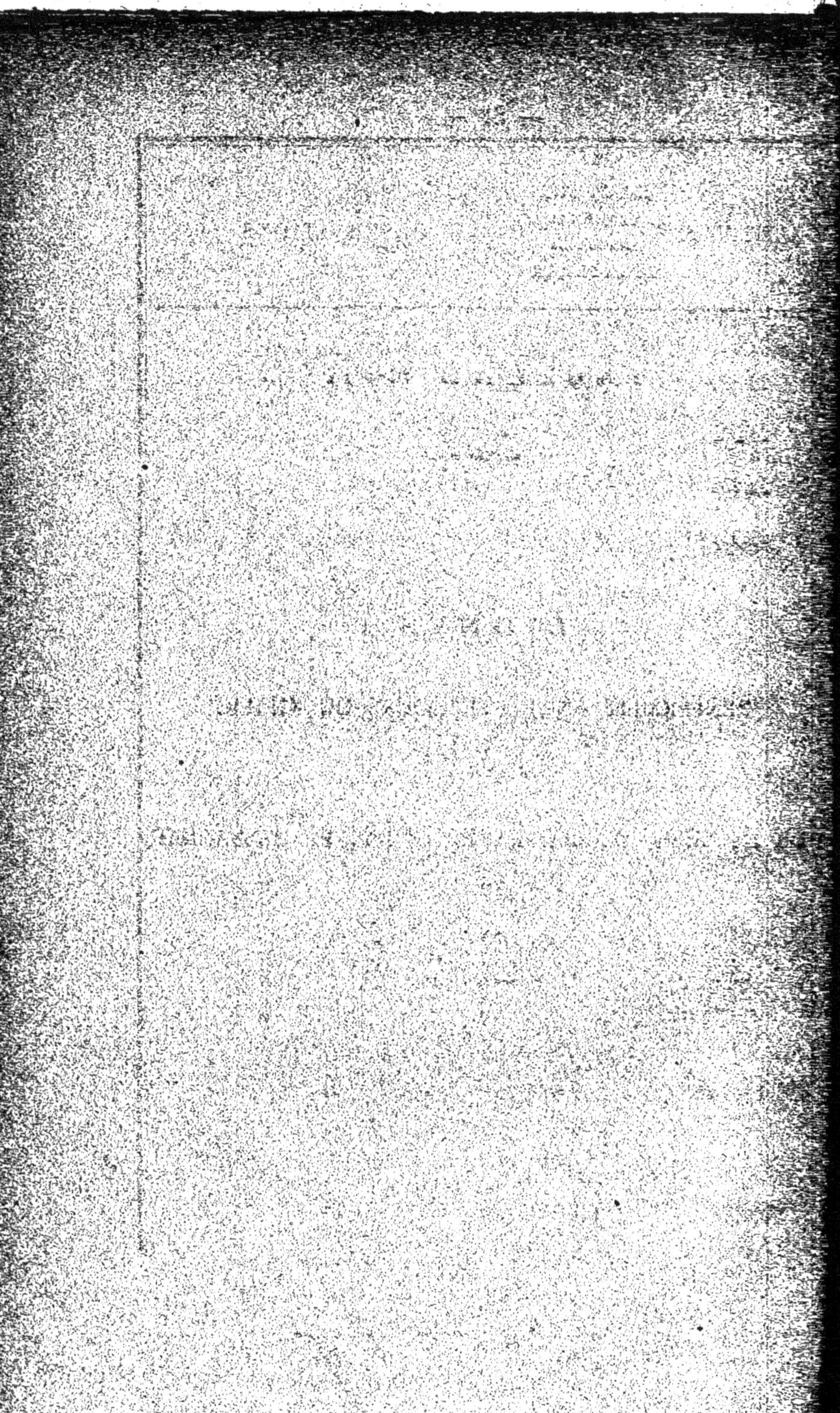

TABLEAU N° 11

LIGNES

RENFERMÉES ENTRE LE COURS DU KHALIG

ET LA LIGNE

DE LA SÉBIL D'ABBAS-PACHA A BAB-EL-HASSANIEH

NUMÉROS D'ORDRE DU PLAN	DÉSIGNATION DES REPÈRES ET POSITION DES PLAQUES	ALTITUDES	HAUTEUR DU TERRAIN NATUREL au-dessous DE LA PLAQUE	OBSERVATIONS
350	*P. S.* au milieu de la façade du Sérail de Yussef Abd-el-Fattah	24.770	0.99	
351	*P. S.* à droite de la porte de la Mosquée Yussef Abd-el-Fattah	24.658	1.09	
352	*P. S.* au milieu de la façade de la Mosquée El-Souaby	20.212	0.96	
353	*P. S.* à l'angle de la maison appartenant à Ahmet-Effendi	19.255	0.85	
354	*P.* S. au milieu de la façade du Caracol Bab-el-Kala	20.636	0.89	
355	*P. S.* à droite de la porte de la Mosquée Méniaoui	24.139	1.12	
356	*P. S.* au milieu de la façade de la Mosquée El-Zabrieh	21.646	0.92	
357	*P. S.* à gauche de la porte du tombeau du Cheik El-Assiouti	21.028	0.89	
358	*P. S.* au-dessous de la Sébil installée dans la maison appartenant à Hassen El Haöuï	20.913	0.70	
359	*P. S.* à l'angle de la Sébil appartenant à Mahmoud-Hassen	23.012	1.02	
360	*P. S.* à l'extrémité Est de la Mosquée El-Gamri	21.555	0.52	
361	*P. S.* au milieu de la façade de la Mosquée Sidi Abd-el-Latif El-Arafi	22.154	0.81	
362	*P. S.* à droite de la porte de la maison appartenant à Mohamed Effendi Lameï	20.909	0.82	
363	*P. S.* à l'angle, près la porte de la maison appartenant à Ibrahim-Bey, Chaouiche	21.141	0.92	
364	*P. S.* au grand mur de la propriété appartenant au Cheik El-Bakrie	19.851	0.70	

NUMÉROS D'ORDRE DU PLAN	DÉSIGNATION DES REPÈRES ET POSITION DES PLAQUES	ALTITUDES	HAUTEUR DU TERRAIN NATUREL au-dessous DE LA PLAQUE	OBSERVATIONS
365	*P. S.* à droite du portail du Sérail appartenant à Rageh-Aga, Kazendar d'Abbas-Pacha	20.329	0.95	
366	*P. S.* à gauche de la porte de la Mosquée du Cheik Abd-el-Kérim	20.159	0.88	
367	*P. S.* à l'angle, extrémité Sud de la maison des Frères des Ecoles chrétiennes	22.871	0.69	
368	*P. S.* au milieu de la façade de la Mosquée du Cheik Daoûd	20.581	0.85	
369	*P. S.* à l'angle de la maison appartenant au Cheik Abd-el-Gani	21.000	0.75	
370	*P. S.* à l'angle du magasin appartenant à Ahmet-el-Moullah	21.523	0.77	
371	*P. S.* au minaret de la Mosquée Makassis	22.018	0.86	
372	*P. S.* à l'angle d'une maison appartenant aux Wakfs	21.663	0.67	
373	*P. S.* à droite de la porte de la maison appartenant à Salémone Gourène	21.641	0.99	
374	*P. S.* à l'angle de la Mosquée El-Manchieh	20.636	0.89	
375	*P. S.* à l'angle d'une maison appartenant au Culte Israélite	21.184	0.73	
376	*P. S.* à gauche de la porte d'une maison d'école appartenant aux Wakfs	20.184	0.84	
377	*P. S.* à l'angle de la maison appartenant à Entobe, Israélite	20.849	0.80	
378	*P. S.* à gauche de la porte de la maison appartenant à M. Babani	21.611	0.99	
379	*P. S.* à gauche de la porte de l'établissement de bains appartenant à Rateb-Pacha	21.606	0.86	

NUMÉROS D'ORDRE DU PLAN	DÉSIGNATION DES REPÈRES ET POSITION DES PLAQUES	ALTITUDES	HAUTEUR DU TERRAIN NATUREL au-dessous DE LA PLAQUE	OBSERVATIONS
380	*P. S.* à droite de la porte de la maison appartenant à Mohamed-Effendi	21.648	0.85	
381	*P. S.* au minaret de la Mosquée Gamal-Yousef	20.646	0.83	
382	*P. S.* à l'angle du magasin appartenant à Hag-Ahmet Madcour	21.427	0.99	
383	*P. S.* à droite du portail du magasin El-Kané El-Kamzaoui	22.665	0.87	
384	*P. S.* à droite de la porte de l'Église Grecque schismatique	21.157	1.02	
385	*P. S.* à gauche du portail de la maison appartenant au Cheik Ibrahim Khalil	22.985	0.94	
386	*P. S.* à l'angle d'une maison appartenant aux Wakfs-el-Margaba	22.441	0.67	
387	*P. S.* à gauche de la porte de la Mosquée El-Hattab	21.174	1.03	
388	*P. S.* à l'angle du sérail appartenant à Fadel-Pacha	21.845	1.09	
389	*P. S.* au mur, près l'escalier de la Mosquée Bibarse	21.067	1.00	
390	*P. S.* à l'angle (bif. de rues) d'une maison appartenant aux Wakfs	23.214	0.97	
391	*P. S.* à droite de la porte cochère de la maison appartenant à Hag Ahmet-Madkour	21.470	1.02	
392	*P. S.* à une maison sise en face la Mosquée Sidi Férouze	21.178	0.93	
393	*P. S.* à droite de la porte de la Mosquée El-Habachki	21.192	0.93	
394	*P. S.* à droite de la porte de la maison appartenant à Issaïd-Ali	21.541	0.91	

NUMÉROS D'ORDRE DU PLAN	DÉSIGNATION DES REPÈRES ET POSITION DES PLAQUES	ALTITUDES	HAUTEUR DU TERRAIN NATUREL au-dessous DE LA PLAQUE	OBSERVATIONS
395	*P. S.* au mur du perron de la Tékia El-Kechny............	22.610	0.86	
396	*P. S.* à l'angle de la maison appartenant à Hag-Ahmet El-Kochni..	21.862	0.93	
397	*P. S.* au pilastre Sud de la Sébil de Hassen Bezrighalli......	21.082	0.53	
398	*P. S.* au milieu de la façade d'une maison appartenant aux Wakfs El-Hâram..................................	23.552	0.89	
399	*P. S.* près l'angle de l'ancienne Sébil El-Goulchani.........	23.060	0.79	
400	*P. S.* au pilastre de droite de la porte de la maison appartenant à Ali-Bey..	22.017	0.78	
401	*P. S.* à l'angle de l'ancienne Sébil de Mohamed Kachèfe.....	24.895	0.67	
402	*P. S.* à l'angle, côté opposé à la rue Méhémet-Aali, de la maison appartenant à Mahmoud-Bey Toutounghi.............	25.953	0.71	
403	*P. S.* à l'angle d'une maison appartenant aux Wakfs, place Cherkaouïeh..	22.138	0.82	
404	*P. S.* au pilastre de droite de la porte de la maison appartenant à Mahmoud-Bey, El-Falaki........................	22.697	0.83	
405	*P. S.* au minaret de la Mosquée El-Berdeni...............	24.422	0.82	
406	*P. S.* à l'angle de la maison appartenant à Ahmet El-Tahhane.	22.150	0.93	
407	*P. S.* à droite de la porte de la maison appartenant à Hassen Effendi Kachèfe..	20.053	0.93	
408	*P. S.* au minaret de la Mosquée Mohamed-el-Saïd.........	20.127	0.95	
409	*P. S.* à gauche du portail de la maison appartenant à Rateb-Pacha..	20.608	0.91	

NUMÉROS D'ORDRE DU PLAN	DÉSIGNATION DES REPÈRES ET POSITION DES PLAQUES	ALTITUDES	HAUTEUR DU TERRAIN NATUREL au-dessous DE LA PLAQUE	OBSERVATIONS
410	*P. S.* au pilastre de droite du portail du Sérail d'Abbas-Pacha.	22.878	0.90	
411	*P. S.* à l'angle de la Zaouiat El-Helmieh.................	20.707	0.80	
412	*P. S.* à l'angle en retour du Sérail de Riaz-Pacha..........	19.855	0.66	
413	*P. S.* au milieu de la façade de la Sébil Sélim-Bey.........	19.093	0.81	
414	*P. S.* à droite de la porte de la Mosquée Hassan-Pacha......	18.896	0.58	
415	*P. S.* au minaret de la Mosquée Azbak....................	19.437	0.84	
416	*P. S.* à gauche de la porte de la maison de Mohamed-Bey Kameil..	19.107	0.69	
417	*P. S.* au minaret de la Mosquée du Cheik Mohamed Sédat...	19.101	0.64	
418	*P. S.* à droite de la porte de la maison appartenant à Mohamed-Effendi Châmi......................................	19.631	0.89	

TABLEAU N° 12

LIGNE

DU GRAND PONT DE KASR-EL-NIL

A BAB-EL-HADID

PAR LES BOULEVARTS ABDUL-AZIS ET CLOT-BEY

NUMÉROS D'ORDRE DU PLAN	DÉSIGNATION DES REPÈRES ET POSITION DES PLAQUES	ALTITUDES	HAUTEUR DU TERRAIN NATUREL au-dessous DE LA PLAQUE	OBSERVATIONS
419	*P. S.* au parapet amont, milieu de la rampe d'accès du pont de Kasr-el-Nil..........	22.960	0.85	
420	*P. S.* au parapet amont, extrémité Ouest, même rampe......	24.375	0.88	
421	*P. S.* à l'angle S.-O. de l'aile d'amont de la Caserne de Kasr-el-Nil, un peu en aval du pont ci-dessus................	21.505	1.89	
422	*P. S.* à l'angle N.-E. du Sérail de Omar-Pacha...........	21.431	0.92	
423	*P. S.* à l'angle N.-E. de la maison du docteur Hassen-Effendi.	21.363	0.69	
424	*P. S.* à l'angle Nord de la maison appartenant à Yussef-Bey..	21.278	0.77	
425	*P. S.* à l'angle de la maison appartenant à Abou-Goraïb, au Nord de la place Bab-el-Louk	21.763	0.93	
426	*P. S.* à l'angle de la maison appartenant à Mustapha-Effendi Radouane, au Sud de la place Bab-el-Louk	21.445	0.99	
427	*P. S.* à droite de la porte de la maison appartenant à Ehdar-Aga....................................	21.450	0.82	
428	*P. S.* au milieu de la façade de la maison appartenant à Hag-Yussef..	21.936	0.78	
429	*P. S.* à gauche de la porte de la maison appartenant à Hassanen Lébiari....................................	21.957	0.87	
430	*P. S.* au milieu de la façade du Caracol d'Abdin...........	21.640	0.76	
431	*P. S.* à l'angle de la maison de Mohamed-Effendi-el-Azhari..	21.932	0.90	
432	*P. S.* à l'angle de la maison sise en face le jardin d'Aly-Pacha Chérif....................................	21.839	1.01	
433	*P. S.* à l'angle de la maison appartenant à Mustapha Effendi, El-télégraphi	22.109	1.04	

NUMÉROS D'ORDRE DU PLAN	DÉSIGNATION DES REPÈRES ET POSITION DES PLAQUES	ALTITUDES	HAUTEUR DU TERRAIN NATUREL au-dessous DE LA PLAQUE	OBSERVATIONS
434	*P. S.* à l'angle S.-O. du mur supportant la grille du palais Atabeh-el-Kadrah	20.762	0.60	
435	*P. S.* au pilier de l'angle Ouest de la maison Fotiadis	20.082	1.24	
436	*P. S.* à gauche de la porte cochère de la maison appartenant à Pini-Bey. (Impasse.)........	19.616	0.73	
437	*P. S.* à l'angle N.-E. du bâtiment neuf appartenant à S. A. le Khédive, près l'Esbékieh	19.862	1.89	
438	*P. S.* à gauche de la porte cochère de la maison appartenant à M. Zogheb........	19.606	0.85	
439	*P. S.* à l'angle Ouest du Ministère des Affaires étrangères....	19.972	1.01	
440	*P. S.* à l'angle Est de la maison appartenant à M. Menache. (Librairie Ebner.)........	19.798	1.16	
441	*P. S.* à l'angle Nord de la maison appartenant à Khénen-Asfar.	19.910	0.76	
442	*P. S.* à l'angle N.-O. de la maison appartenant à Bachoum Effendi	19.974	0.85	
443	*P. S.* à droite de la porte, milieu de la façade de la maison appartenant à Abdallah-Derwich........	20.264	0.89	
444	*P. S.* à droite de la porte d'une maison appartenant à l'Église Copte	20.466	0.80	
445	*P. S.* à droite de la porte du magasin appartenant à Georgis Osta	20.792	0.95	

TABLEAU N° 13

LIGNE

DE BAB EL-HADID

A LA SÉBIL SÉLAMANIEH

y compris les parties situées à l'Est de cette Ligne, et renfermées entre le Khalig et la route de l'Abbassieh

NUMÉROS D'ORDRE DU PLAN	DÉSIGNATION DES REPÈRES ET POSITION DES PLAQUES	ALTITUDES	HAUTEUR DU TERRAIN NATUREL au-dessous DE LA PLAQUE	OBSERVATIONS
446	*P. S.* à gauche de la porte d'une maison appartenant à l'Eglise Copte	20.525	0.97	*La façade principale de cette maison se trouve sur le boulevart Clot-Bey. Le R. 444 est scellé sur cette façade.*
447	*P. S.* au minaret de la Mosquée Ali El-Farrâh	20.103	1.03	
448	*P. S.* à droite de la porte de la Mosquée Mohamed-el-Bahr	19.880	0.96	
449	*P. S.* à droite de la porte de la maison appartenant à Omar Sabbah	20.670	0.90	
450	*P. S.* au minaret de la Mosquée Chéhab El-Dine	19.091	0.87	
451	*P. S.* à droite de la porte de la Sébil appartenant à Id-el-Chimy	19.830	1.05	
452	*P. S.* à l'angle de la maison appartenant à Ibrahim-Effendi	20.900	0.83	
453	*P. S.* à gauche de la porte de la Mosquée Mohamed Abou-Biber	20.546	0.91	
454	*P. S.* à droite de la porte cochère de la maison appartenant à Hedar-Pacha	21.663	1.07	
455	*P. S.* à gauche de la porte de la maison appartenant à Farag-el-Saati	21.344	0.89	
456	*P. S.* à gauche de la porte de la maison appartenant à M. Tadrisse, Copte	19.962	0.86	
457	*P. S.* à droite de la porte de la maison appartenant à Abou-Lela Ahmet	19.663	0.85	
458	*P. S.* à gauche de la porte du tombeau du Cheik Chembaki	19.587	0.90	
459	*P. S.* à l'angle de la maison appartenant à Ali-Effendi Gattas	20.463	1.01	
460	*P. S.* à gauche de la porte de la Mosquée Abou-Taleb	21.666	0.94	

NUMÉROS D'ORDRE DU PLAN	DÉSIGNATION DES REPÈRES ET POSITION DES PLAQUES	ALTITUDES	HAUTEUR DU TERRAIN NATUREL au-dessous DE LA PLAQUE	OBSERVATIONS
461	*P. S.* à l'angle Est de la maison appartenant à Setti Dimiané.	18.717	0.78	
462	*P. S.* à droite de la porte de la Mosquée Setti Mariam.......	20.120	0.84	
463	*P. S.* à droite de la porte de la Mosquée Backrieh	19.913	0.59	
464	*P. S.* au mur d'enceinte du Sérail de Chérif-Pacha, près la Porte Bab-el-Kallâh..................................	23.553	0.70	
465	*P. S.* au milieu de la façade de la maison appartenant à Abou Anné..	20.855	0.79	
466	*P. S.* à l'angle N.-E. de la Mosquée Tachtouchy...........	20.723	0.75	
467	*P. S.* à gauche de la porte de la maison appartenant à Mustapha Effendi Attane..................................	20.112	1.01	
468	*P. S.* à droite de la porte de la maison appartenant à Gad-el-Garabli...	20.430	0.92	
469	*P. S.* à gauche de la porte de la maison appartenant à Mohamed-Effendi El-Aklm.................................	19.994	0.77	

TABLEAU N° 14

JARDIN ROSETTI

ET QUARTIER DARB-EL-MUSTAPHA

NUMÉROS D'ORDRE DU PLAN	DÉSIGNATION DES REPÈRES ET POSITION DES PLAQUES	ALTITUDES	HAUTEUR DU TERRAIN NATUREL au-dessous DE LA PLAQUE	OBSERVATIONS
470	*P. S.* à l'angle de la maison appartenant à Kaskarousse-Effendi, entre le Mousky et l'Église Catholique...........	21.326	0.87	
471	*P. S.* à droite de la porte de la cour de l'Église Catholique...	21.153	0.95	
»	*R. N.* relevé sur le parvis, devant la porte de l'Église.......	20.800	»	
472	*P. S.* à droite de la porte du Couvent des Pères Franciscains.	20.316	0.93	
473	*P. S.* à gauche de la porte de la maison sise à l'extrémité de la rue Darb-el-Arbaïn..............................	20.321	0.85	
474	*P. S.* à l'angle de la maison appartenant à Sélim-Bey.......	23.145	1.05	
475	*P. S.* à l'angle d'une maison appartenant aux Wakfs........	21.772	0.80	
476	*P. S.* à la façade de la maison Ali-Bey Nouri..............	21.174	0.79	
477	*P. S.* à gauche de la porte de la Mosquée El-Ramly........	21.880	0.76	
478	*P. S.* à l'angle de la maison appartenant à Assaïd-Ali.......	22.363	0.76	
478 (bis)	*P. S.* à droite de la porte de la maison de Giovanni Terzi....	21.375	0.93	
479	*P. S.* à la façade du magasin de Nouveautés, Fleurent-Pétot.	23.145	0.77	
480	*P. S.* à gauche de la porte du magasin d'épicerie de la maison du Cheik Mohamed Hariri...........................	19.922	0.72	
481	*P. S.* à l'angle de la maison appartenant à la veuve Setti-Hanem..	19.086	0.81	
482	*P. S.* à droite du portail de l'hôtel du Consulat général d'Italie.	19.675	0.68	
482 (bis)	*P. S.* au pilastre de droite du portail du mur de la propriété appartenant à Scarosse-Bey...........................	20.302	0.83	
483	*P. S.* à gauche de la porte du jardin de la maison appartenant au Copte Abd-el-Chaïd..............................	19.413	0.72	

NUMÉROS D'ORDRE DU PLAN	DÉSIGNATION DES REPÈRES ET POSITION DES PLAQUES	ALTITUDES	HAUTEUR DU TERRAIN NATUREL au dessous DE LA PLAQUE	OBSERVATIONS
484	*P. S.* à droite de la porte de la maison appartenant au Copte Yussef-Karassi	20.740	0.84	
485	*P. S.* à l'angle, côté gauche de la porte de l'hôtel Victoria....	20.855	0.79	
486	*P. S.* à droite de la porte de la Mosquée El-Ahmar.........	21.713	1.09	
487	*P. S.* à l'angle du magasin appartenant à Hassen-Aga.......	20.849	0.78	
488	*P. S.* à droite de la porte de la maison du Cheik Ahmet-Amr.	21.165	0.94	
489	*P. S.* à gauche de la porte des ateliers de métiers appartenant au Cheik Ali El-Achkar..........	20.936	1.02	
490	*P. S.* au milieu de la façade de la maison appartenant à Karboutli	20.334	0.83	
491	*P. S.* au milieu de la façade de la Mosquée Mohamed El-Tamar	20.004	0.91	
492	*P. S.* au milieu de la façade de la maison appartenant à Mme Bambo-Doudo..........	21.350	0.93	
493	*P. S.* à droite de la porte de la maison appartenant à Setti Chilbaya..........	21.191	0.90	
494	*P. S.* à droite de la porte de la maison appartenant à Mustapha Sukkar	21.686	0.91	
495	*P. S.* à droite de la porte de la maison appartenant à Assannen Diab	22.076	0.97	
496	*P. S.* à droite de la porte du café appartenant à Saïd Ahmet.	20.586	0.87	
497	*P. S.* près l'angle arrondi de la maison appartenant à Boulos Anème, Copte..........	21.102	0.82	

NUMÉROS D'ORDRE DU PLAN	DÉSIGNATION DES REPÈRES ET POSITION DES PLAQUES	ALTITUDES	HAUTEUR DU TERRAIN NATUREL au-dessous DE LA PLAQUE	OBSERVATIONS
498	*P. S.* au milieu de la façade de la maison appartenant à Pini-Bey	22.477	0.79	
499	*P. S.* au minaret de la Mosquée El-Ablt	21.989	0.78	
500	*P. S.* à gauche de la porte de la maison appartenant à Antoine Moïse, Copte	21.563	0.99	
501	*P. S.* à gauche de la porte de la maison appartenant à Assannen Diab	22.260	0.82	
502	*P. S.* au minaret de la Mosquée El-Ellua	21.031	1.02	
503	*P. S.* à gauche de la porte de la maison appartenant à Fatt-Allah, Kaouas	20.753	0.75	
504	*P. S.* à gauche de la porte de la maison appartenant à Khalil Effendi Sekley	21.261	0.83	
505	*P. S.* entre les deux portes de la façade de la maison appartenant à l'Eglise Arménienne	20.772	0.78	
506	*P. S.* au mur de la maison des Ecoles libres, à l'entrée de la rue voûtée El-Bakry	20.011	0.98	
507	*P. S.* à droite de la porte de la Mosquée El-Bakry	20.297	1.09	
508	*P. S.* au milieu de la façade de la maison appartenant à M. Andréa Aviérino	20.758	0.83	

TABLEAU N° 15.

LIGNES COMPRISES

DANS LE

TRIANGLE

FORMÉ PAR LE BOULEVART MÉHÉMET-AALI

LE MOUSKY ET LE KHALIG

NUMÉROS D'ORDRE DU PLAN	DÉSIGNATION DES REPÈRES ET POSITION DES PLAQUES	ALTITUDES	HAUTEUR DU TERRAIN NATUREL au-dessous DE LA PLAQUE	OBSERVATIONS
509	*P. S.* près le pilastre de gauche du portail de la maison appartenant à Hag Saïd El-Korazzati........................	20.176	0.97	
510	*P. S.* à gauche de la porte de la maison appartenant à M. Andréa, docteur..................................	21.701	0.79	
511	*P. S.* à droite de la porte de la maison appartenant à Hag-Ali, Cheik El-Nagarine, située à l'entrée de la voûte conduisant à l'hôtel du Nil..................................	20.303	0.88	
512	*P. S.* à l'angle (bif. de quatre rues) de la maison appartenant à Mohamed-Ramadan..............................	26.529	0.88	
513	*P. S.* au milieu de la façade de la maison appartenant à Mustapha Abd-el-Ouaëd..............................	27.510	0.92	
514	*P. S.* à l'angle de la maison appartenant à El-Hag-Ali Abou-Rouss..	26.782	0.90	
515	*P. S.* au jambage de droite de la porte de la maison appartenant au Cheik Ahmet Moussa..........................	25.261	1.00	
516	*P. S.* au milieu de la façade de la maison appartenant à Ali Effendi El-Badieh..................................	25.654	0.90	
517	*P. S.* à l'angle d'une maison appartenant aux Wakfs, sise à l'extrémité de l'impasse..............................	25.928	1.01	
518	*P. S.* à gauche de la porte de la maison appartenant à Hag Ismaïl..	19.772	0.82	
518(bis)	*P. S.* à l'angle de la maison appartenant à Mohamed-Bourayo.	19.966	0.73	
519	*P. S.* au trumeau, milieu de la façade de la maison appartenant à Ahmet Assaoui..............................	22.121	0.90	

NUMÉROS D'ORDRE DU PLAN	DÉSIGNATION DES REPÈRES ET POSITION DES PLAQUES	ALTITUDES	HAUTEUR DU TERRAIN NATUREL au-dessous DE LA PLAQUE	OBSERVATIONS
520	*P. S.* à la façade de la maison appartenant au Cheik Ibrahim El-Féki	21.191	0.64	
521	*P. S.* à droite de la porte de la Mosquée El-Amir Hussein...	19.089	0.80	
522	*P. S.* à la façade de la maison appartenant à Ali Emarati	19.582	0.70	
523	*P. S.* à l'angle de la Sébil Mohamed-Bey.................	20.104	0.75	
524	*P. S.* à droite de la porte de la maison appartenant au Cheik Ahmèt, Chaouiche..................................	20.160	0.87	
525	*P. S.* à droite de la porte de la maison appartenant à Ahmet El-Menouffie	21.397	0.86	

TABLEAU N° 16

LIGNE

DE BAB EL-HADID A ABDIN

PAR

L'ESBÉKIEH ET LE BOULEVART D'ABDIN

NUMÉROS D'ORDRE DU PLAN	DÉSIGNATION DES REPÈRES ET POSITION DES PLAQUES	ALTITUDES	HAUTEUR DU TERRAIN NATUREL au-dessous DE LA PLAQUE	OBSERVATIONS
526	*P. S.* au socle de la colonne du milieu de la Sébil Om-Méhémet-Aali	20.400	0.87	
527	*P. S.* à gauche du portail, milieu de la façade de la maison appartenant à M. Desbannes	20.852	0.75	
528	*P. S.* à l'angle, extrémité des annexes de la maison Desbannes, près le canal Ismaïlich	20.112	0.94	
529	*P. S.* au jambage de droite de la porte de la maison Linant-Bey	21.470	0.80	
530	*P. S.* au socle du pilastre de gauche du portail de la maison Abrot, où siége la Cie des Eaux	21.479	0.75	
531	*P. S.* au milieu de la façade du Consulat d'Angleterre	19.750	0.64	
532	*P. S.* à l'angle Nord du bâtiment avec colonnade en marbre, situé en face le Sérail Kamil-Pacha	19.623	1.05	
533	*P. S.* au pilastre de droite du portail Ouest du jardin de l'Esbékieh	19.948	1.07	
534	*P. S.* au socle, angle N.-O. du châlet restaurant, au jardin de l'Esbékieh	19.552	0.81	
535	*P. S.* au jambage de droite de la porte de la maison Zogheb, façade Nord	20.766	1.11	
536	*P. S.* au jambage de droite de la porte de la maison adossée contre le minaret de la Mosquée El-Kirkia	22.960	1.13	
537	*P. S.* au socle, angle N.-O. de la maison du docteur Salem-Bey	22.122	0.59	

NUMÉROS D'ORDRE DU PLAN	DÉSIGNATION DES REPÈRES ET POSITION DES PLAQUES	ALTITUDES	HAUTEUR DU TERRAIN NATUREL au-dessous DE LA PLAQUE	OBSERVATIONS
538	*P. S.* à l'angle du boulevart d'Abdin et de la rue Bab-el-Kalk	21.696	1.00	
539	*P. S.* au pilastre de droite du portail de l'entrée principale du Palais d'Abdin	19.881	0.97	
»	*R. N.* relevé sur le seuil de ce portail	18.873	»	
540	*P. S.* près l'angle en retour du palais d'Abdin, route neuve de Saïda-Zénab	20.327	1.05	
541	*P. S.* à droite de la porte de la Sébil Mohamed-Bey El Mabdoul, route Saïda Zenab	20.113	0.90	
542	*P. S.* au jambage de droite de la porte de la maison Gobrân Abd-el-Messihh, rue Kantarat-el-Dekke	21.561	0.72	
543	*P. S.* à la façade d'une maison appartenant aux Waks Coptes.	21.089	0.91	
544	*P. S.* au milieu de la façade du sérail appartenant à Ahmet-Pacha	20.127	1.65	
545	*P. S.* près l'extrémité supérieure du rampant Ouest de la tête de l'égoût de l'Esbékieh, déversant ses eaux dans le canal Ismaïlieh	16.584	»	
»	*R. N.* relevé sur le radier de cet égoût, à l'extrémité de son parcours	15.229	»	

TABLEAU N° 17

QUARTIER COPTE

ET

ESBÉKIEH

Ce Tableau comprend les parties renfermées dans le Polygone formé par les Lignes indiquées sur les Tableaux Nos 12 et 16.

NUMÉROS D'ORDRE DU PLAN	DÉSIGNATION DES REPÈRES ET POSITION DES PLAQUES	ALTITUDES	HAUTEUR DU TERRAIN NATUREL au-dessous DE LA PLAQUE	OBSERVATIONS
546	*P. S.* à gauche du portail de la maison appartenant à Kékian-Bey	21.658	0.83	
547	*P. S.* à droite de la porte de la maison appartenant à Tadrous-Sabbak	20.897	0.93	
548	*P. S.* à l'angle d'une maison appartenant aux Wakfs Coptes	21.066	0.89	
549	*P. S.* vers le milieu de la façade de la maison appartenant à Guergès-Bey	21.102	0.83	
550	*P. S.* à droite de la porte de la maison appartenant à Ibrahim-Fathi	22.808	1.03	
551	*P. S.* à droite de la porte d'une maison appartenant aux Wakfs Coptes	22.441	0.85	
552	*P. S.* à gauche de la porte du tombeau du Cheik Hag-Ami	20.107	0.90	
553	*P. S.* à droite de la porte de la maison appartenant à Mohamed Effendi	20.510	0.92	
554	*P. S.* à droite de la porte de la maison appartenant au Copte Aouat Saadallah	20.466	1.17	
555	*P. S.* à droite de la porte de la maison appartenant au Copte Bautros Gattas	20.891	1.00	
556	*P. S.* au socle, angle Nord de la maison appartenant à M. Cassab	19.499	1.11	
557	*P. S.* au socle, angle Nord de la maison appartenant à Ibrahim-Pacha	19.377	1.20	
558	*P. S.* à gauche de la porte du Cercle Oriental	19.651	0.79	

NUMÉROS D'ORDRE DU PLAN	DÉSIGNATION DES REPÈRES ET POSITION DES PLAQUES	ALTITUDES	HAUTEUR DU TERRAIN NATUREL au dessous DE LA PLAQUE	OBSERVATIONS
559	*P. S.* à l'angle N.-O. du mur supportant la grille du jardin de l'Esbékieh…………………………	19.688	0.89	
560	*P. S.* au pilastre de gauche du portail Nord du jardin de l'Esbékieh…………………………	19.963	1.05	
561	*P. S.* à l'angle N.-E. du pavillon N.-E. du théâtre de l'Opéra.	19.525	0.78	
562	*P. S.* au pilier de droite du portail Sud du jardin de l'Esbékieh.	19.943	1.14	
563	*P. S.* à droite du portail Nord de la grille d'enceinte du Palais Atabeh El-Kadrah…………………………	20.529	0.71	
564	*P. S.* au pilier d'angle de la maison située en face le côté Sud du théâtre de l'Opéra…………………………	19.689	0.87	
565	*P. S.* au pilier de droite du portail Est du jardin de l'Esbékieh.	20.055	1.10	
566	*P. S.* au minaret de la Mosquée El-Achmaoui…………	23.870	1.01	
567	*P. S.* à droite du portail du Sérail de Sefer-Pacha…………	23.964	0.94	
568	*P. S.* au milieu de la façade du Divan du Gouvernorat………	22.746	1.07	
569	*P. S.* à l'angle S.-E. du Sérail du docteur Salem-Bey………	22.125	1.05	

TABLEAU N° 18

QUARTIER ISMAÏLIEH

LIGNES SITUÉES AU NORD DE LA PLACE BAB-EL-LOUK

NUMÉROS D'ORDRE DU PLAN	DÉSIGNATION DES REPÈRES ET POSITION DES PLAQUES	ALTITUDES	HAUTEUR DU TERRAIN NATUREL au-dessous DE LA PLAQUE	OBSERVATIONS
570	*P. S.* à droite du portail de la maison appartenant à Giovanni Terzi............	21.642	0.89	
571	*P. S.* à l'angle Est de la maison appartenant à M. Bayle.....	21.181	0.83	
572	*P. S.* à l'angle N.-E. de l'Eglise Allemande..............	20.426	0.78	
573	*P. S.* à gauche de la porte de la maison du docteur Burguères-Bey............	19.654	0.77	
574	*P. S.* au pilier de gauche du portail du milieu de la Villa du Baron Delort de Gléon............	21.393	0.88	
575	*P. S.* à l'angle Ouest de la maison du docteur Sachs........	20.646	0.90	
576	*P. S.* à l'angle Est de l'ancienne maison Avoscani, appartenant à S. A. le Khédive............	20.686	1.06	
577	*P. S.* à droite du portail Sud de la Villa Helvétia...........	21.892	0.89	
578	*P. S.* à droite du portail de la propriété Mansour-Pacha.....	21.509	1.02	
579	*P. S.* au milieu du mur Sud de l'Hippodrôme............	20.360	0.76	
580	*P. S.* au milieu de la façade Ouest de la maison sise à l'angle des routes Nos 40 et 22............	21.262	0.71	
581	*P. S.* au jambage de droite de la porte de la maison Zogeb, occupée par Barrot-Bey............	20.998	0.77	
582	*P. S.* au pilier, angle Ouest du mur d'enceinte de la propriété appartenant à Abou-Sultan Pacha............	21.942	0.83	
583	*P. S.* à droite de la porte cochère de la maison appartenant à Ali-Bey Riza............	21.638	0.90	

NUMÉROS D'ORDRE DU PLAN	DÉSIGNATION DES REPÈRES ET POSITION DES PLAQUES	ALTITUDES	HAUTEUR DU TERRAIN NATUREL au-dessous DE LA PLAQUE	OBSERVATIONS
584	*P. S.* à l'angle Est de la maison appartenant à Setti Kirkieh. (Ancienne maison Sadik-Effendi.)........................	21.739	0.76	
585	*P. S.* à droite de la porte de la maison du Cheik Saïd Homar.	21.888	0.92	
586	*P. S.* au minaret de la Mosquée El-Tabak................	20.433	0.87	
587	*P. S.* à gauche de la porte de la Mosquée El-Ensary........	21.206	0.92	
588	*P. S.* à gauche de la porte de la maison appartenant à El-Ag-Marzouha-Kalifa....................................	20.750	0.86	
589	*P. S.* au trumeau, milieu de la nouvelle façade de la Mosquée Abou-Abd-el-Achmaouï.............................	21.939	0.94	
590	*P. S.* à droite de la porte de la maison appartenant à Aggis-Ahmet..	22.014	1.01	
591	*P. S.* à gauche de la porte cochère de la maison appartenant à Mohamed Chapka................................	23.164	0.89	
592	*P. S.* à l'angle S.-O. du mur d'enceinte de la propriété appartenant à Hassan-Bey Daramally........................	21.733	0.90	
593	*P. S.* à gauche de la porte cochère de la maison appartenant à Mohamed-Bey Saïd..................................	21.089	0.40	

TABLEAU N° 19

LIGNES RENFERMÉES

DANS LE

GRAND POLYGONE

FORMÉ PAR

LE COURS DU KHALIG, LE BOULEVART MÉHÉMET-AALI,

LA ROUTE ABDUL-AZIZ

LA GRANDE AVENUE DU PONT DE KASR-EL-NIL

ET LE BOULEVART DE KASR-EL-AALI

JUSQU'A FOUM-EL-KHALIG

NUMÉROS D'ORDRE DU PLAN	DÉSIGNATION DES REPÈRES ET POSITION DES PLAQUES	ALTITUDES	HAUTEUR DU TERRAIN NATUREL au-dessous DE LA PLAQUE	OBSERVATIONS
594	*P. S.* à l'angle de la maison appartenant à Mustapha Effendi Raouff..	20.930	0.81	
595	*P. S.* à l'angle de la maison appartenant à Hassan-Effendi El-Mellâh	20.215	0.50	
596	*P. S.* à l'angle (bif. de rues) de la maison appartenant à Ag-Hassan Tabane, au quartier d'Abdin	19.656	1.07	
597	*P. S.* à l'angle Nord du mur d'enceinte du Sérail appartenant à Ibrahim-Bey Khalil	20.002	0.84	
598	*P. S.* à l'angle Sud du mur d'enceinte du Sérail appartenant à Ismaïl-Pacha El-Moufattich	19.880	0.82	
599	*P. S.* à droite du portail du Sérail appartenant à Ismaïl-Pacha El-Moufattich.......................................	19.802	0.96	
600	*P. S.* à l'angle Sud des écuries du Sérail appartenant à Ibrahim-Bey Khalil...	20.841	0.72	
601	*P. S.* à l'angle S.-O. du mur d'enceinte du Sérail appartenant à Abbas-Bey	20.816	0.78	
602	*P. S.* à l'angle Ouest de la maison appartenant à Ahmet-Effendi Etmann....................................	20.035	0.75	
603	*P. S.* à l'angle de la Mosquée du Cheik Abd Allah..........	20.860	1.13	
604	*P. S.* à l'angle du Sérail appartenant à Ibrahim-Bey Chauky..	20.262	1.06	
605	*P. S.* au pilastre de droite de la porte de la maison appartenant à Abd-el-Saïd-Yussef	20.035	0.90	
606	*P. S.* à l'angle S.-O. du Sérail de Toussoun-Pacha	20.041	0.67	

NUMÉROS D'ORDRE DU PLAN	DÉSIGNATION DES REPÈRES ET POSITION DES PLAQUES	ALTITUDES	HAUTEUR DU TERRAIN NATUREL au-dessous DE LA PLAQUE	OBSERVATIONS
607	*P. S.* à l'angle de la maison appartenant à Marra-Bimba Fatoumah	20.046	1.04	
608	*P. S.* à droite de la porte de la maison appartenant à Ibrahim-Zaïed	19.558	0.83	
609	*P. S.* au milieu de la façade de la maison appartenant à Ali-Effendi Salem	19.689	0.86	
610	*P. S.* à l'angle de la maison appartenant à Anafieh Sehoudy	19.498	0.84	
611	*P. S.* au jambage de gauche de la porte de la maison appartenant à Hassannen-Bazebouze	19.492	0.92	
612	*P. S.* au pilastre, milieu de la façade Sud du mur d'enceinte de l'Académie militaire. (Ancienne École des Filles nobles).	20.230	0.58	
613	*P. S.* à l'angle Ouest de la maison de Mahmoud-Effendi, Wékil d'Ali-Pacha Chérif	19.833	0.88	
614	*P. S.* à droite de la porte du Sérail appartenant à Ali-Pacha Chérif	20.134	0.93	
615	*P. S.* au rond-point, à l'angle du mur d'enceinte de la propriété appartenant à Mohamed Azek-Pacha	19.722	0.83	
616	*P. S.* au pilastre de droite de la porte de la maison appartenant à Mohamed Rageb	19.843	0.82	
617	*P. S.* à l'angle de la maison appartenant à Ahmet-Pacha Sâdek.	19.527	0.78	
618	*P. S.* à l'angle de la maison appartenant à Ibrahim-Effendi El-Akim	19.266	0.83	
619	*P. S.* à l'angle de la maison appartenant à Anna Effendi Cherobine, Copte	19.221	0.72	

NUMÉROS D'ORDRE DU PLAN	DÉSIGNATION DES REPÈRES ET POSITION DES PLAQUES	ALTITUDES	HAUTEUR DU TERRAIN NATUREL au-dessous DE LA PLAQUE	OBSERVATIONS
620	*P. S.* au jambage de gauche de la porte de la maison appartenant à Khalil Effendi Ahmet. (Caracol)........................	19.620	0.86	
621	*P. S.* à l'angle de la maison appartenant à Hassen Amoudah.	19.703	0.91	
622	*P. S.* au pilastre de gauche de la porte de la maison appartenant à Khalil-Effendi Abîb............................	19.226	1.01	
623	*P. S.* au pilastre de gauche de la porte du Sérail appartenant à Affez Ramadan....................................	19.903	1.02	
624	*P. S.* au pilastre de droite du portail du Sérail Enim-Bey Lasmerli..	19.104	0.95	
625	*P. S.* au pilastre de droite du portail du Sérail de Férid-Bey.	18.734	0.93	
626	*P. S.* au pilastre de gauche du portail d'un petit Sérail appartenant à S. A. le Khédive..............................	19.012	0.83	
627	*P. S.* au milieu du mur d'enceinte, face Nord, du nouveau Palais habité par S. A. le prince Ibrahim-Pacha..........	19.774	0.93	
628	*P. S.* au pilastre de gauche du portail principal du mur d'enceinte Sud du Sérail d'Ismaïl-Pacha El-Moufattich........	19.483	0.85	
629	*P. S.* à la façade Nord d'un Sérail en construction appartenant à S. A. le Khédive. (Ancienne construction Afez-Pacha.)...	20.753	0.93	
630	*P. S.* à gauche de la porte du jardin appartenant à Ali-Bey Elouah..	19.676	0.68	
631	*P. S.* au milieu de la façade de la maison située en face le Caracol El-Saïda-Zénab..............................	20.326	0.04	
632	*P. S.* au minaret de la Mosquée El-Nasrieh (Cheik Rammah).	19.964	1.02	

NUMÉROS D'ORDRE DU PLAN	DÉSIGNATION DES REPÈRES ET POSITION DES PLAQUES	ALTITUDES	HAUTEUR DU TERRAIN NATUREL au dessous DE LA PLAQUE	OBSERVATIONS
633	*P. S.* au minaret de la Mosquée Sidi El-Ismaïli	19.415	0.83	
634	*P. S.* à l'angle de la Mosquée Abou El-Lif	19.935	0.81	
635	*P. S.* à l'angle des rues Cheik Saleh et Charah-el-Nasrieh	19.786	0.76	
636	*P. S.* à l'angle de la maison appartenant à Mahmoud-Effendi Deggoughi	19.719	0.85	
637	*P. S.* à gauche de la Porte Bab-Zir-el-Mahallah	20.295	0.93	
638	*P. S.* à droite de la porte d'une maison appartenant à S. A. le Khédive, occupée par Rousseau-Bey	19.166	0.75	
639	*P. S.* au minaret de la Mosquée Guened	20.067	0.88	
640	*P. S.* au minaret de la Mosquée El-Kourdy	19.125	0.72	
641	*P. S.* au minaret de la Mosquée Daoud-Pacha	19.230	0.85	
642	*P. S.* à l'angle (bif. de quatre rues) de la maison appartenant à Ali-Effendi Chaab	19.316	0.94	
643	*P. S.* à l'angle de la Mosquée du Cheik Saleh	19.167	0.63	
644	*P. S.* à gauche de la porte de la Mosquée Ebn-el-Driss	19.522	0.90	
645	*P. S.* à l'angle de la maison appartenant à Osmatt-Effendi Mohamed	20 481	0.87	
646	*P. S.* au minaret de la Mosquée Gombalatt	20.548	0.92	
647	*P. S.* à droite de la porte d'une maison appartenant aux Wakfs, construite au-dessus du lit du Khalig	21.932	0.96	
648	*P. S.* à l'angle de la maison appartenant au Cheik Ibrahim El-Hodbo	22.432	0.88	

NUMÉROS D'ORDRE DU PLAN	DÉSIGNATION DES REPÈRES ET POSITION DES PLAQUES	ALTITUDES	HAUTEUR DU TERRAIN NATUREL au-dessous DE LA PLAQUE	OBSERVATIONS
649	*P. S.* au milieu de la nouvelle façade de la Mosquée El-Kalouati	21.132	0.93	
650	*P. S.* à droite de la porte de la maison appartenant à Ismaïl-Pacha El-Moufattich	20.902	0.96	
651	*P. S.* au minaret de la Mosquée Hussein-Pacha	20.626	0.87	
652	*P. S.* à l'angle du Sérail de Mohamed-Bey Chanème	19.893	0.94	
653	*P. S.* à droite de la porte de la maison appartenant à Mohamed-Effendi Samanoudi	22.368	0.72	
654	*P. S.* à l'angle arrondi de la maison appartenant à Sélim-Effendi, rue Haouadisse	26.615	0.83	
655	*P. S.* au pilastre de droite de la porte de la maison appartenant à Mustapha-Effendi	27.399	0.98	
656	*P. S.* au milieu de la façade du sérail d'Abbas-Pacha	25.731	0.93	
657	*P. S.* près l'extrémité Ouest de la face N.-E. du grand mur d'enceinte du Palais d'Abdin	23.739	1.05	
658	*P. S.* au minaret de la Mosquée Hamad	22.831	0.71	
659	*P. S.* vers le milieu de la face S.-E. du grand mur d'enceinte du palais d'Abdin	23.718	0.88	
660	*P. S.* à l'angle du mur supportant la grille d'une des trois maisons appartenant à S. A. le Khédive, rue Rageb Aga	21.314	0.85	
661	*P. S.* à gauche du portail du Sérail Ismaïl Pacha Mouffattich	20.495	0.97	*Les Repères nos 662, 663, sont donnés dans le Tableau no 9. Quant aux Repères 664, 665, ils n'existent pas. Le Tableau 20 commence donc par le no 666.*
661 (bis)	*P. S.* à droite de la porte de la maison appartenant à Almaz-Aga	20.367	0.90	

TABLEAU N° 20

VILLE DE BOULAK

NUMÉROS D'ORDRE DU PLAN	DÉSIGNATION DES REPÈRES ET POSITION DES PLAQUES	ALTITUDES	HAUTEUR DU TERRAIN NATUREL au-dessous DE LA PLAQUE	OBSERVATIONS
666	*P. S.* au minaret de la Mosquée du Sultan Abou-Léleh......	20.643	0.97	
»	*R. N.* relevé sur le parvis, devant la porte de cette Mosquée..	19.678	»	
667	*P. S.* au pilastre de droite du portail des Ecuries Vice-royales.	20.708	1.09	
»	*R. N.* relevé sur le seuil de ce portail.....................	19.536	»	
668	*P. S.* au mur d'enceinte de la Sakieh El-Nahasse..........	22.065	0.51	
669	*P. S.* au pilastre de droite du portail de la Société anonyme des Moulins d'Egypte. (Moulin français).................	19.291	0.81	
670	*P. S.* au dé, extrémité du parapet amont de la culée de gauche du pont Abou-Léleh, construit sur le canal Ismaïlieh......	22.436	1.04	
»	*R. N.* relevé sur le trottoir en bois de ce pont, dans l'axe du canal et à l'aplomb du garde-corps amont...............	24.550	»	
671	*P. S.* au socle du pilastre de gauche du portail de l'Usine de la Cie des Eaux, sise à l'amont du Pont Abou-Leleh.......	20.163	0.87	
»	*R. N.* relevé sur le seuil de la porte du milieu de la façade Est du bâtiment des machines élévatoires..................	20.305	»	
»	*R. N.* relevé sur l'arasement des fondations de la cheminée de cette Usine..	20.123	»	
672	*P. S.* à l'angle N.-O. de la maison Anhuri, sise à la bifurcation des routes de Kasr-el-Nil et de Boulak.............	21.894	0.97	
673	*P. S.* à l'angle Est de la maison appartenant à Mukhaïl Naggiar.	20.838	0.66	
674	*P. S.* à l'angle (bif. de trois rues) de la maison appartenant à Farrahat-Hassen....................................	20.034	0.79	

NUMÉROS D'ORDRE DU PLAN	DÉSIGNATION DES REPÈRES ET POSITION DES PLAQUES	ALTITUDES	HAUTEUR DU TERRAIN NATUREL au-dessous DE LA PLAQUE	OBSERVATIONS
675	*P. S.* au cordon, au-dessus du socle et milieu de la façade en retour de la maison appartenant à Abd-el-Adi Nafa........	20.302	0.95	
676	*P. S.* au minaret de la Mosquée El-Harayeh...............	21.256	0.61	
677	*P. S.* au milieu de la façade de la maison du Cheik Ali Saleh..	20.636	0.75	
678	*P. S.* au minaret du Cheik Ebn-Badrr....................	20.682	0.69	
679	*P. S.* à gauche de la porte de la Mosquée Farraguïé.........	20.595	0.80	
680	*P. S.* au minaret de la Mosquée du Cheik Sidi Nasr.........	19.846	1.06	
681	*P. S.* au milieu de la façade de la maison appartenant au Cheik Ali Abou Chadié....................................	20.706	0.61	
682	*P. S.* au minaret de la Mosquée Saâfieh..................	20.406	0.71	
683	*P. S.* au milieu de la façade de la maison appartenant à Ibrahim Aga, près la Mosquée El-Emrari..................	20.857	0.83	
684	*P. S.* à droite de la porte du magasin de bois appartenant à Ahmet-Râli...................................	20.122	0.75	
685	*P. S.* au milieu de la façade d'une maison appartenant aux Wakfs El Sananieh.................................	19.735	0.74	
686	*P. S.* à gauche de la porte cochère de la maison appartenant à Osman-Effenni Rassem...........................	19.707	0.73	
687	*P. S.* au milieu de la façade de la maison appartenant à Ahmet-Hassen....................................	20.463	0.89	
688	*P. S.* à droite de la porte de la Mosquée El-Katiri..........	20.466	0.88	
689	*P. S.* au milieu de la façade de la maison appartenant à Ali-Mansour...	20.356	0.75	

NUMÉROS D'ORDRE DU PLAN	DÉSIGNATION DES REPÈRES ET POSITION DES PLAQUES		ALTITUDES	HAUTEUR DU TERRAIN NATUREL au-dessous DE LA PLAQUE	OBSERVATIONS
690	*P. S.* au minaret de la Mosquée Mirzeh		20.148	0.75	
691	*P. S.* à droite de la porte de la maison appartenant au Cheik Sélim-Essébayle		20.266	0.82	
692	*P. S.* au minaret de la Mosquée El-Ouasti		20.453	0.51	
693	*P. S.* au minaret de la Mosquée El-Halayié		19.721	0.71	
694	*P. S.* à gauche de la porte de la maison de Giuseppe Kersoli		19.691	0.76	
695	*P. S.* à l'angle N.-O. de la maison appartenant à Ramdan-Effendi		19.940	0.80	
696	*P. S.* au pilier d'appui situé au milieu de la façade d'une maison appartenant aux Wakfs El-Serragui		20.648	0.69	
697	*P. S.* à l'angle N.-O. de la maison appartenant à Marra-Imann		19.904	0.62	
698	*P. S.* au milieu de la façade de la maison appartenant à Marra Oumou-el-Héess		19.564	0.78	
	Usine à Gaz				
699	*P. S.* au pilastre de droite du portail de l'Usine à Gaz		21.592	0.66	
»	*R. N.* relevé sur le dessus de la margelle de la cuve du gazomètre		22.428	»	
700	*P. S.* au pilastre de gauche de la porte du milieu du bâtiment appartenant à l'Administration des Chemins de fer		22.060	0.79	
701	*P. S.* au milieu de la façade de l'hôtel de Bellevue, appartenant à l'Évêque de l'Église Grecque		19.958		*Il y a en tout 703 plaques en fonte.*

VICHY. — TYPOGRAPHIE ET LITHOGRAPHIE C. BOUGAREL
Rue Lucas, ancienne Intendance

www.ingramcontent.com/pod-product-compliance
Ingram Content Group UK Ltd.
Pitfield, Milton Keynes, MK11 3LW, UK
UKHW021209220726
13924UKWH00003B/1413

9 782019 927318